C语言程序设计实践教程

贺仁宇 沈 楠 编著

沈朝辉 主审

南开大学出版社

天 津

图书在版编目(CIP)数据

C语言程序设计实践教程 / 贺仁宇，沈楠编著. —天津：南开大学出版社，2014.9

ISBN 978-7-310-04604-1

Ⅰ. ①C… Ⅱ. ①贺… ②沈… Ⅲ. ①C语言－程序设计－教材 Ⅳ. ①TP312

中国版本图书馆 CIP 数据核字(2014)第 202877 号

南开大学出版社出版发行

出版人：孙克强

地址：天津市南开区卫津路 94 号　　邮政编码：300071

营销部电话：(022)23508339　23500755

营销部传真：(022)23508542　　邮购部电话：(022)23502200

*

天津午阳印刷有限公司印刷

全国各地新华书店经销

*

2014 年 9 月第 1 版　　2014 年 9 月第 1 次印刷

260×185 毫米　16 开本　18.875 印张　2 插页　480 千字

定价：39.00 元

如遇图书印装质量问题，请与本社营销部联系调换，电话：(022)23507125

内容简介

　　本书可与国内常见的一些"C语言程序设计"教材配套使用。主要内容包括：计算机的基本工作原理、程序设计的初步知识、基本数据类型与数据运算、逻辑运算与程序控制、数组和字符串、函数、指针、复合数据类型和类型定义、文件、编译预处理，及全国计算机等级考试二级C简介。

　　本书概念清晰，结构合理，内容严谨，讲解透彻，重点突出，实践性较强。适合作为大专院校的C语言程序设计实践课的教材，也可作为软件开发人员、自学考试人员和参加教育部全国计算机等级考试人员的参考用书。

前　言

  C 语言是目前世界上广泛使用的程序设计语言之一。它采用自顶而下、逐步求精的结构化程序设计技术，拥有功能丰富、表达能力强、使用灵活方便、应用面广、目标程序效率高、可移植性好等鲜明的特色，既具有高级语言的优点，又具有低级语言的许多特点，比较适合写应用软件和系统软件。

  由于 C 语言程序设计牵扯到的概念复杂、规则较多、使用灵活、容易出错，不少初学编程的读者感到学习困难，希望能有一本适于初学者学习的"C 语言程序设计实践教材"，本书就是为了适应这部分读者需要而编写的。

  C 语言的初学者最常问的一个问题是：怎样才能学好 C 语言？他们希望能找到一条学习的"捷径"。可事实上，这些"捷径"可能会将你引上歧途。同其他计算机程序设计语言一样，C 语言也是一种工具，是用来解决某些现实问题的。因此，上机实践就显得尤其重要。

  C 语言程序设计的课堂教学是针对 C 语言的基础知识和基本编程方法的学习，学到的是"知识"。而实践教学则强调如何运用知识，得到的是"能力"。知识是很容易忘记的，但能力是在实践中获取的，通常会更持久。

  本书可与国内常见的一些"C 语言程序设计"教材配套使用。全书的绪论部分，简要介绍了初学 C 语言的读者需要了解的计算机的基本工作原理，第 1 至 9 章的内容与国内常见的"C 语言程序设计"教材的内容相匹配，第 10 章的内容是与国家教育部考试中心组织的全国计算机等级考试二级 C 有关。为了突出实践教学，本书的 1 至 9 章都有知识点介绍、实习目的、实习内容、提示分析、思考练习与测试。

  知识点介绍是常见的"C 语言程序设计"教材相应章节内容中的精华，要求读者务必熟练掌握。

  实习目的是读者学习相应教材的内容时应该达到的目标。

  实习内容是编者多年从事 C 语言程序设计教学资料中精选出来的有代表性的题目。这种题目包括以下两种类型：

  （1）典型例题。读者可以从这类题目中学习程序设计的思想和方法。

  （2）给出提示与分析的题目。这类题目给出有关题目的编程思路，一步一步地引导读者完成整个程序的编写。

  思考练习与测试题目包括以下三种类型：

  （1）思考题。主要是引导读者对程序设计实践的一些扩展性理解或者提高性认识，没有给出参考答案。

  （2）练习题。试图加深读者对程序设计实践中用到概念和规则的记忆，其中的选择题和填空题给出了参考答案，供读者复习、练习时参考。

（3）测试题。试图让读者在完成相应章节的实践教学后，巩固和提升自己所学的知识，检验自己掌握的知识是否达到相应章节的教学目标。设计题型为选择题、填空题及编程题，涵盖了阅读程序写出执行结果、程序填空、程序设计等。其中的选择题和填空题给出了参考答案，供读者做题时参考。编程题不给提示，这类题目供读者自己分析、研究，独立完成程序的编写，在实践中不断提高程序阅读和程序设计能力。

参与本书编写的作者，都是多年在南开大学或南开大学滨海学院从事计算机基础教学的任课老师，有丰富的 C 语言程序设计课程的教学经验。他们熟悉初学 C 语言程序设计的读者容易出错的地方，能够有针对性地帮助初学者尽快适应 C 语言程序设计的学习。

本书的第 1 至 5 章由沈楠编写，绪论、第 6 至 10 章由贺仁宇编写，全书由贺仁宇统稿，由沈朝辉主审。本书出版得到南开大学滨海学院与南开大学出版社的出版项目经费资助。在编写本书的过程中还得到南开大学滨海学院的朱耀庭、张宝双、王力伟，南开大学出版社的王乃合等老师的大力支持，在此一并致以诚挚的感谢。

在本书的编写过程中，编者参考了国内外许多 C 语言程序设计方面的书籍，力求有所突破和创新。但是，由于能力和水平有限，书中难免有错误和不足之处，敬请读者批评指正。

编　者
2014 年 6 月

目　录

绪　论

学习一门程序设计语言，首先需要对计算机的基本工作原理有一定的了解。因为语言只是一门工具，由语言开发出来的程序最终都必须在机器上运行，对机器工作原理的理解，有助于编写正确高效的代码。正如学习汽车驾驶并不需要使驾驶员成为汽车专家，但了解汽车的工作原理，对正确驾驶是很有帮助的。

0.1　计算机的基本组成

计算机由三大子系统组成：中央处理单元、存储器、输入输出系统。通过总线将这些子系统连接起来，其示意图如图 0-1 所示。

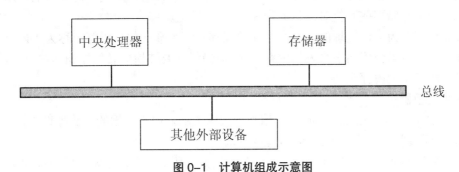

图 0-1　计算机组成示意图

0.1.1　存储器

用于存取数据和程序。这里所说的存储器，并不是广义的存储体系。而是指内部存储器，也称内存、主存。我们通常所说的硬盘，也是一种存储设备，是归于外部设备里的，请注意两者的区别。

计算机在运行时，需要先把程序和数据读取到内存中，程序对应于指令序列，计算机按顺序执行指令。这些信息并不是一直存在于内存中的，通常存放在磁盘这样的外设中，因为磁盘中的信息断电后并不会消失。而内存中的信息在关机后就会消失，这也是我们在电脑上做某些工作，需要定期保存结果的原因。而我们安装机器系统的时候，数据也都是写到磁盘上的。在机器运行过程中，需要实现什么功能，就把对应的程序读入到内存中，那么为什么不一次性把所有的内容都读入到内存中呢？

有如下两个原因：

（1）内存和磁盘在存储空间、访问速度和价格上的差异。目前内存的大小通常是 2GB、4GB[①]（G 表示 2^{30}），磁盘的大小已达 TB 数量级（T 表示 2^{40}）。而内存的平均访问时间为

---

① B 表示字节，一个字节等于 8 个二进制位，即 1Byte=8bit。

100 ns，硬盘为 10,000,000 ns。总之，内存更快，价格更高，但容量有限。

（2）程序执行的局部性原理。程序总是趋向于使用最近使用过的数据和指令，访问的存储器地址分布并不是随机的。也就是说，并没有必要把所有的数据和指令都装入到内存中，哪怕是内存足够便宜也足够大，这样对程序的执行速度也不会有更大的提升。

请思考一下，为什么在 CPU 里还有缓存体系？

衡量主存的指标主要是存储容量和访问速度。用于表示存储的单元见表 0-1。

表 0-1　存储单位

单位	字节数	近似值
KB	2^{10}	10^3
MB	2^{20}	10^6
GB	2^{30}	10^9
TB	2^{40}	10^{12}

存储器又可分为 RAM 和 ROM。RAM 表示随机存储器，就是我们平时所说的内存条，通常以插卡的方式和机器主板连接。ROM 表示只读存储器，其内容是制造商写入的，用户只能读，通常用于存储那些开机时运行的程序。

内存通常是按字节为单位编址的，每个存储单元都有一个唯一的标识符，称为"内存地址"。尽管在程序中可以使用名字来表示内存区域，但最终都要转换成硬件能识别的地址，才能访问该名字所表示的内存空间。

0.1.2　中央处理器

也称 CPU（Central Processing Unit）。它相当于人的大脑，用于数据的计算处理工作。通常 CPU 由算术逻辑单元、控制单元和寄存器组成。

计算机求解问题是通过程序来实现的，程序员编写好代码后（也被称为源代码），通常不能直接执行，而需要某种工具软件将它转换成机器能识别的指令（机器码）。每个具体型号的 CPU 都有对应的指令集。机器码级别的程序是不能随便拿到不同的机器上用的，因为硬件平台不同，这也是程序员所要面临的问题之一：可移植性。

控制单元用于负责对指令进行译码，并发出对应的控制信号。

算术逻辑单元用于对数据的逻辑、移位和算术运算。

寄存器拥有非常高的读写速度，是用于临时存放数据的高速存储单元。

衡量 CPU 性能的关键指标是主频，也就是主时钟频率，单位为 Hz。主频越快，其运算速度也越快。目前 CPU 的主频通常为几 GHz，在桌面计算机上，单纯提高主频越来越困难，CPU 的多核化发展趋势很明显。

如何查看机器的 CPU 和内存信息？在 Windows 7.0 环境下，用鼠标右键单击桌面上的"计算机"图标，在弹出的快捷菜单中选中"属性"。图 0-2 是本机的处理器和内存信息截图，请尝试刚学到的知识对这些信息进行解读。

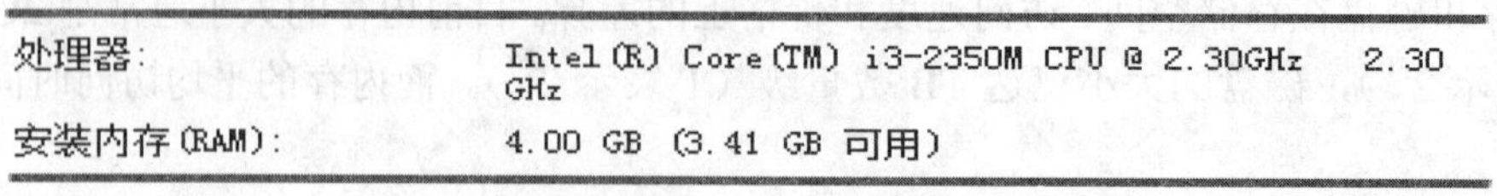

处理器:	Intel(R) Core(TM) i3-2350M CPU @ 2.30GHz　2.30 GHz
安装内存(RAM):	4.00 GB (3.41 GB 可用)

图 0-2　计算机 CPU 和内存信息

0.1.3　输入/输出系统（I/O）

如键盘、显示器、鼠标、打印机、磁盘等。通过这些输入/输出设备，实现计算机与外界通信。

0.1.4　总线和控制器

在 CPU 和内存间通常由总线连接起来，包括数据总线、地址总线和控制总线。而输入输出设备，因为在速度和电气性能上的差异并不是直接和连接在这些总线上的，而是通过各种控制器连接到总线上的。这些控制器，也就是通常所说的接口。一个控制器，可以连接多个外部设备，这样可以很方便的扩展机器的功能。常用的计算机接口有 SCSI 接口、IEEE1394 接口（也称"火线"）和 USB 接口。

0.2　数据在计算机内的表示和存储

我们都听说过，计算机是采用二进制的，所有的信息都被表示成二进制的形式。在人的现实生活中，除了要用到数值数据（如身高、年龄）外，还有文字数据（如名字、说过的某一句话）和大量的多媒体信息（如声音、视频）。试想，如何用二进制的方式来表示这些信息呢？

方法就是，对这些信息进行**分类**并**编码**。

可以定义基本的数据类型：整数、实数和字符。整数和实数都是无限集合，用状态有限的计算机是不能完全表示的。因此，需要做出取舍，用多少个二进制位来表示一种数据类型，然后再考虑如何进行编码。

0.2.1　整数编码

1. 无符号整数的编码

假设用 4bit（四个二进制的位）来表示整数。二进制只有两个符号"0"和"1"，每一个二进制的位或者为"0"或者为"1"。长度为 4 的二进制位串共有 16（2^4）个，见表 0-2 的第一列。按与十进制计数体系类似的方式来理解，如十进制的 1024，可展开为多项式：$1024 = 1 \times 10^3 + 0 \times 10^2 + 2 \times 10^1 + 4 \times 10^0$。

表 0–2　无符号整数的编码

二进制位串	多项式展开	表示的 10 进制数
0000	$0 \times 2^3 + 0 \times 2^2 + 0 \times 2^1 + 0 \times 2^0 = 0$	0
0001	$0 \times 2^3 + 0 \times 2^2 + 0 \times 2^1 + 1 \times 2^0 = 1$	1
0010	……	2
0011	……	3
0100	……	4
0101	……	5
0110	……	6
0111	……	7

1000	……	8
1001	……	9
1010	……	10
1011	……	11
1100	……	12
1101	……	13
1110	……	14
1111	$1 \times 2^3 + 1 \times 2^2 + 1 \times 2^1 + 1 \times 2^0 = 15$	15

采用这种方式编码，没有包含负整数，即这只是"无符号整数"编码。其表示的整数范围是 0~15。依此类推，目前 32 位的机器采用 32bit 来表示整数，如何用来表示无符号整数，能表示的范围是多少？在 C 语言中，用关键字 unsigned int 声明无符号整数，而用 int 表示有符号整数。

2. 有符号整数的编码

对有符号数，需要用一个二进制位表示符号位，如果取最高位（最左边的位）作符号位，并且人为规定最高为位为 0 表示正数，为 1 表示负数。那么，最直观的编码方式是，用剩下的位表示整数的绝对值大小。则位串"1111"表示-7，而 0 会有两种编码表示"0000"和"1000"，因此，计算机采用另外一种编码来表示有符号整数，即"二进制补码"。

先通过一个例子来解释补码的原理：比如我们熟悉的时钟，共 12 个刻度。如果按无符号整数来理解，每个刻度分别对应于 0 点、1 点、2 点……11 点。如果按有符号整数来理解，将 11 点钟方向理解成-1 点，并依此类推，这是一个有符号的时钟，见图 0-3。

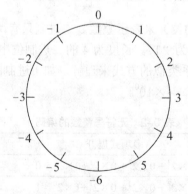

图 0-3　有符号的时钟

也许有人会问：为什么不能把 6 点钟方向标为"-1"，而要把 11 点钟方向标为"-1"呢？原因是这样编码，更适合计算机进行数据的运算，可以将减法运算用加法的方式来处理。以这个时钟为例，"加法"相当于顺时针拨动指针，"减法"对应于逆时针拨动指针，采用这种"补码"编码方式，就可以只保留"加法"操作。即逆时钟移动 1 个刻度，可以用顺时针移动 11 个刻度来实现。如：

2-1 = 2 + 11 = 13（正好对应于 1）

以这个直观的例子为基础，再来解释计算机如何存储有符号整数。

先介绍两种运算：反码运算和补码运算。反码运算表示按位取反。而补码运算：从低位复制位，直到有 1 被复制；然后，反转其余的位。

例如：计算整数 01101010 的反码和补码

原来的位串　　　　　　　　　　　0 1 1 0 1 0 1 0

反码运算的结果　　　　　　　　　1 0 0 1 0 1 0 1

很显然，对一个位串进行两次反码运算，可以得到原来的数。

原来的位串　　　　　　　　　　　0 1 1 0 1 0 1 0

1 次补码运算　　　　　　　　　　1 0 0 1 0 1 1 0

2 次补码运算　　　　　　　　　　0 1 1 0 1 0 1 0

同样，对一个位串进行两次补码运算，也可以得到原来的数。

计算机存储有符号的整数，遵循如下步骤：

● 先将整数的值变成二进制数。

● 如果是正数，原样存储；如果是负数，计算补码并存储。

例如：整数-1，用补码方式存储在 8 位的存储单元

整数的值　　　　　　　　　二进制　　　　　　　　二进制补码

1　　　　　　　　　　　0 0 0 0 0 0 0 1　　　　　1 1 1 1 1 1 1 1

从二进制补码格式还原整数，计算机遵循的步骤如下：

● 最高位为 1，计算机取其补码；最高位为 0，不进行操作。

● 将该二进制数转换为十进制数。

例如，已知机器内的二进制位串为：10010110，最高位为 "1"，它是一个负数，求补得到 01101001 为数值的大小，因此，该补码表示的是十进制数-105。

下面看看，在二进制补码表示整数的基础上，减法运算是如何转换成加法运算的。两个整数 A、B，都用二进制补码表示，则 A 减 B 和 A 加 B 的补码得到的结果是一样的。例如：

整数的值　　　　　　　　　二进制补码

10　　　　　　　　　　　0 0 0 0 1 0 1 0

-105　　　　　　　　　　1 0 0 1 0 1 1 0

10+(-105)　　　　　　　1 0 1 0 0 0 0 0

再来看看补码 10100000 表示哪个整数，如果表示-95，那这个计算结果就是正确的。按前面所说的规则，最高位为 1，表示是一个负数，求码得到该负数的大小：

10100000 求补运算→ 01011111 (64+16+8+4+2+1=95)

请自己分析一下 10-(-105)的计算过程。

计算机看到一个二进制的位串，必须了解其确切类型，才能对它做正确的解析和进一步的操作。表 0-3 就是整数在计算机内的表示。自己分析一下，在 32 位的机器里，用 32 位来表示有符号整数和无符号整数，表示的数据范围是什么？

表 0-3　整数的编码

二进制位串	表示的无符号整数 （十进制）	表示的有符号整数 （十进制）
0000	0	0

0001	1	1
0010	2	2
0011	3	3
0100	4	4
0101	5	5
0110	6	6
0111	7	7
1000	8	−8
1001	9	−7
1010	10	−6
1011	11	−5
1100	12	−4
1101	13	−3
1110	14	−2
1111	15	−1

0.2.2.实数的编码

1. 定点数和浮点数

实数是带有小数的，用一定的宽度来表示实数，有两种方法：小数点的位置是固定的，或者小数点的位置是浮动的。例如：

如果规定用 8 个数码宽度来表示实数，规定小数部分占两个数码，那么 1.3415 就只能表示成 1.34，精度受损。

实数	定点数表示（2 位小数，1 个符号位）
1.34	+0000134
99999.99	+9999999

很显然，带有很大整数部分或者很小小数部分的实数是不适合用定点数来表示的。

浮点表示法允许小数点的位置浮动：小数点左右可以有不同数量的数码。这样增大了可表示的实数范围。可以用科学计数法来表示小数 135600000000000.00

实际数字	+135600000000000.00
科学记数法	$+1.356 \times 10^{14}$

只需要记住 3 个部分：符号、位移量（指数部分）及定点部分。这样更节省空间。

对于二进制表示的实数，$-(0.000000000001101)_2$ 可以用同样的方法来表示：

科学记数法	-1.101×2^{-12}

可以看出，采用浮点数的方式，可以表示的实数范围大大增加了。那实数如何在机器内表示的呢？

2. 单精度和双精度浮点数

IEEE（电气和电子工程师协会）定义了几种浮点数的标准。其中包括单精度的浮点数和双精度的浮点数。下面以单精度数为例加以说明。

单精度数格式是用 32 位来存储一个浮点数。符号位占用 1 位（0 为正，1 为负），指数占 8 位，尾数占有 23 位。

图 0-4　单精度浮点数的格式

以-$(0.000000000001101)_2$ 为例说明单精度浮点数的存储方式。

尾数：底数 $(1.101)_2$ 中小数点前始终为 1，故只需要存储小数点右边的位，也被称为尾数。不足 23 位，在右边补 0。

指数：以 2 为底的指数，指数是有符号的，但并没有使用补码来表示指数，而是采用"余码"的方式来存储。采用这种方式，8 位表示的有符号整数的范围为-127~128，在存储时，加上偏移量 2^7-1=127。这样的好处是，余码系统中，所有的整数都是正数。需要注意的是，指数全为 0 或全为 1 有特殊的意义。

-12+127=115，转换成二进制：0111 0011。

符号位，负数，该位置 1。故单精度数-$(0.000000000001101)_2$ 在计算机内的存储为：

1 01110011 10100000000000000000000

图 0-5　单精度浮点数的存储示例

对单精度浮点数的解析过程，就是以上存储计算过程的逆过程，请自行分析。下面粗略分析一下单精度数的精度和表示范围。

指数部分为 8 位，单精度数表示的范围约为：-2^{128}~2^{128}。1.17E-38~3.4E+38(科学计数法)。

尾数部分为 23 位，2^{23}= 8388608，即有效数字 6-7 位，可以保证 6 位有效数字。

双精度数的表示方法与单精度数的类似，其指数部分占 11 位、尾数部分占 52 位，请分析双精度数的表示范围和有效数字位数。

0.2.3　字符的编码

不同的语言，通常对应不同的字符。问题是：在一种语言中，到底需要多少位来表示一处符号？如何能设计一个字符编码，能够兼容多种语言？

1. ASCII 码

ASCII 码，是美国标准信息交换码的简称。使用 7 位表示一个符号，该字符集定义了 128 种符号（参阅表 0-4）。

表 0-4　ASCII 码表

ASCII 值	字符	ASCII 值	字符	ASCII 值	字符	ASCII 值	字符
0	NUT	32	(space)	64	@	96	、
1	SOH	33	!	65	A	97	a
2	STX	34	"	66	B	98	b

3	ETX	35	#	67	C	99	c
4	EOT	36	$	68	D	100	d
5	ENQ	37	%	69	E	101	e
6	ACK	38	&	70	F	102	f
7	BEL	39	,	71	G	103	g
8	BS	40	(	72	H	104	h
9	HT	41	)	73	I	105	i
10	LF	42	*	74	'J	106	j
11	VT	43	+	75	K	107	k
12	FF	44	,	76	L	108	l
13	CR	45	-	77	M	109	m
14	SO	46	.	78	N	110	n
15	SI	47	/	79	O	111	o
16	DLE	48	0	80	P	112	p
17	DCI	49	1	81	Q	113	q
18	DC2	50	2	82	R	114	r
19	DC3	51	3	83	X	115	s
20	DC4	52	4	84	T	116	t
21	NAK	53	5	85	U	117	u
22	SYN	54	6	86	V	118	v
23	TB	55	7	87	W	119	w
24	CAN	56	8	88	X	120	x
25	EM	57	9	89	Y	121	y
26	SUB	58	:	90	Z	122	z
27	ESC	59	;	91	[	123	{
28	FS	60	<	92	/	124	|
29	GS	61	=	93	]	125	}
30	RS	62	>	94	^	126	~
31	US	63	?	95	—	127	DEL

需要注意以下几点：
- 该字符集包含大小写字母、数字、标点符号外，还包含一些控制字符。且大小写字母是分别编码的。
- 每个字符对应于一个 ASCII 码值，字符间是可以根据这个值比较大小的，表示它们在表中的先后位置关系。
- 并不是每个 ASCII 码字符都是可显示的，和可直接由键盘输入的，对控制字符的输入要采用特殊的机制。
- 常用的控制字符如表 0-5 所示。

表 0-5　常用的控制字符表

NUL　空	VT　垂直制表	SYN　空转同步
SOH　标题开始	FF　　走纸控制	ETB　信息组传送结束
STX　正文开始	CR　　回车	CAN　作废
ETX　正文结束	SO　　移位输出	EM　　纸尽
EOY　传输结束	SI　　移位输入	SUB　换置
ENQ　询问字符	DLE　空格	ESC　换码
ACK　承认	DC1　设备控制 1	FS　　文字分隔符
BEL　报警	DC2　设备控制 2	GS　　组分隔符
BS　　退一格	DC3　设备控制 3	RS　　记录分隔符
HT　　横向列表	DC4　设备控制 4	US　　单元分隔符
LF　　换行	NAK　否定	DEL　删除

2. UNICODE 编码

又称万国码，它为每种语言中的每个字符设定了统一并且唯一的二进制编码，以满足跨语言、跨平台进行文本转换、处理的要求。代码中的不同部分被分配用于来自世界上不同语言的符号，其中还有些部分用于表示图形和特殊的符号。

0.3　软件与程序设计语言

0.3.1　操作系统介绍

计算机由硬件和软件组成，硬件是物理设备，而软件是使计算机能正常工作的程序集合。计算机软件分两大类：操作系统和应用程序。

操作系统是一个非常庞大的软件系统，从功能上讲，它是计算机硬件与用户的一个接口，它使其他程序更加方便有效的运行，并能方便对计算机硬件和软件资源进行访问。即操作系统是应用软件和硬件之间的中间层，它负责有效地利用软硬件资源，对应用程序提供一个方便的接口，便于用户访问系统资源。

计算机软件通常采用分层结构，层间定义好接口（参考图 0-6）。这种结构的好处是，只要保持层和层间接口的不变，每个层都可以很方便地修改和替换。下层为上层提供某种服务，每层只负责有限的功能，这样就可以构建一个较大的软件系统。如 Internet 网络互连的软件就是采用这种分层结构的典型例子。

图 0-6　软件的层次结构

　　目前在个人计算机领域，主流操作系统分包括 Windows、Unix、Linux、Mac OS。这些操作系统都支持多用户、多任务，而且在提供方便的图形界面的同时，也支持命令行界面访问方式。操作系统也是软件，也有源代码，所以，也可以分为开源操作系统和闭源操作系统。

　　操作系统通常包含以下部分：

　　（1）内存管理；

　　（2）进程管理；

　　（3）设备管理；

　　（4）文件管理。

　　操作系统提供给用户程序的服务也被称为系统调用，在 Windows 中也被称为 API（应用程序接口）。如果我们要实现一个简单的 C 语言程序，往屏幕上输入一个字符串。最方便的方法是调用一个标准库函数 printf( )，这个函数在运行时，也会进行系统调用。

0.3.2　程序设计语言

　　机器语言： 计算机发展的早期，只能用机器语言，进行程序开发。所谓机器语言，是直接由 "0" 和 "1" 组成的。程序员需要了解硬件的指令编码格式，手工生成机器级的指令，这样很容易犯错，而且效率十分低下。而不同硬件通常对应不同的指令集，程序的移植性也无从谈起。

　　汇编语言： 正因为机器语言的这些缺点，人们开始思考：能不能用一种更好记忆的符号来表示机器指令，然后通过一个程序将由这些符号组成的程序翻译成机器指令？由此产生了第二代程序设计语言，也被称为汇编语言。这个翻译程序也被称为汇编器。

　　高级语言： 尽管汇编语言大大地提高了编程效率，但由于汇编语言和硬件关联过于紧密，程序员不得不将很大的精力用于汇编语言的繁琐细节。为了使程序员将精力集中到应用程序本身，而不是计算机的复杂性上，出现了高级语言。如：BASIC、C、C++、Java 等。

机器语言	汇编程序	翻译后得到的指令	高级语言
1010　1111	MOV A,47	1010　1111	int a,b;
0011　0111	ADD A,B	0011　0111	a = 100;
0111　0110	HALT	0111　0110	b = a+200;

图 0–7　程序语言示例

　　高级语言编写的程序，可读性更强，能使程序员更专注于求解的问题。但这种源程序是不可直接运行的，它也需要由专门的程序翻译成机器指令。翻译方法，可分为编译和解释，与此对应，翻译程序又被称为编译器和解释器。

　　直观的来理解，编译是先将整个源程序翻译成目标程序（可执行的），然后装入目标程序并运行。而解释就是每次将源程序的某一行翻译成机器语言指令，并执行，然后翻译并执行下一行[①]。

　　高级语言通常都有一些共同的概念，如：标识符、数据类型、运算符、变量、常量、表达式、语句、函数（或方法）。

---

① Java 是另外一种解释方法：先编译成字节码，然后由目标机上的 Java 虚拟机解释执行。

第 1 章　程序设计的初步知识

本章导读

- 知识点介绍
- 开发 C 程序的基本方法实习
- 思考练习与测试

1.1　知识点介绍

1.1.1　上机实习基础知识

1. 开发 C 程序的一般过程

（1）分析问题，确定算法

首先要对问题进行分析，找出合适的算法。所谓算法是指解决一个问题而采取的方法与步骤。解决一个问题的算法往往不是唯一的，要找出效率高而且比较简单的算法，然后将算法用流程图、自然语言等方式表示出来，这是关键的一步。

下面举例说明如何建立模型和确定算法。

在高度为 100m 的铁塔上平抛一物体，初速度 $v_0=20$m/s，求其运动轨迹（以 0.1s 为时间间隔，直到物体落到地面为止）。

分析：设坐标原点在塔底，物体初始位置是 x=0，y=100。物体在时刻 t 的位置是：

$$x = v_0 t$$

$$y = 100 - \frac{1}{2} g t^2$$

这两个公式就是该问题的数学模型。求出物体运动轨迹的算法是：按以上公式，每隔 0.1s 计算一组 x、y 的值，直到 y=0 为止。

用自然语言描述算法：

步骤一　定义变量、赋初值。

步骤二　计算 t=0.1 时物体的坐标 x、y 并输出，然后 t 增加 0.1。

步骤三　判断：如果 y>0，则重复步骤二，否则结束。

用流程图描述算法：如图 1-1 所示。

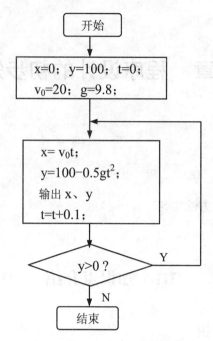

图 1-1　求平抛物体运动轨迹流程图

（2）编写程序

按照已确定的算法编写程序称为编码。编码完成后，要进行检查，发现并修改那些由于疏忽大意而造成的错误。

（3）上机调试

上机调试包括程序的编辑、编译、连接和运行，用"试验数据"进行测试，发现并排除程序中的错误。有人说"三分编程七分调试"，说明程序调试不仅重要，而且有时工作量也是很大的。

2．程序中的错误类型

程序中的错误可分为两类：语法错误和逻辑错误。

（1）语法错误

语法错误是指违背了 C 语言语法规则的错误。例如，语句末尾遗漏了分号、关键字拼写错误、参数类型或个数不匹配等。对这类错误，编译系统能够发现并显示出错信息，因此语法错误是不难排除的。需要注意的是：

● 有时系统提示的出错行并没有错误，而错误出现在上一行。

有时提示多条错误信息，实际上可能只有一、两处错误。例如，程序中所使用的变量未定义，编译时就会对含有该变量的所有语句显示出错信息，只要加上变量定义语句，后面的错误就自然排除了。因此，当提示多处错误时，应该从第一条错误开始修改。

（2）逻辑错误

逻辑错误是指程序中没有语法错误，但运行结果不对。这种错误较难发现，需要仔细查找。例如，计算 $s=1+2+3+4+\cdots+100$，程序段如下：

```
int s=0, i=1;
```

```
while ( i<=100 )
    s=s+i;
    i++;
```

其中没有语法错误，运行时却出现死循环。原因是循环时语句 i++; 不能被执行，所以 i 的值不变，总是满足条件。循环体应该使用花括号构成复合语句：

```
while ( i<=100 )
    { s=s+i;   i++; }
```

还需要注意：程序中虽然没有语法错误和逻辑错误，但是运行时也可能出错。例如，有如下程序段：

```
float a, b;
scanf("%f, %f", &a, &b);
printf("%f\n", a/b);
```

运行时，如果为 b 的值输入 0，0 做除数则会出错。该程序不能经受各种数据的"考验"，不具有"健壮性"。修改方法是在第 2 行后加一条 if 语句，如果 b 的值等于 0，则输出"除数为 0"并终止程序的运行。

3．程序测试

程序测试的目的在于发现程序中的错误。对于大型软件，要使用专门的测试技术和方法，要设计测试用例。在学习阶段开发的程序一般较小，只要通过一些简单的试验数据，将运行结果与预期结果进行比较，就可知道程序是否正确。

例如，计算前 n 个自然数之和的程序：

```
#include <stdio.h>
void main()
{
    int i, n, sum=0;
    printf("请输入 1 个自然数：");
    scanf("%d", &n);
    for(i=1; i<=n; i++)
        sum=sum+i;
    printf("前%d 个自然数之和为%d\n", n, sum);
}
```

测试方法：运行程序，先输入 3，输出结果为 6，与预期结果一致；再运行一次，输入 10，输出结果为 55，又与预期结果一致，则说明程序正确。

4．程序中常见错误

（1）使用了未定义的变量。例如：

```
void main()
{
    a=1; b=2;
    printf("%d\n", a+b );
}
```

C 语言程序中的所有变量必须"先定义、后使用"，定义就是说明变量的类型，系统为

其分配相应的存储空间。应在函数体的开头加一条语句：int a, b;

（2）使用变量名时，忽视了大小写字母的区别。例如，定义了变量 a，使用时写成 A，实际上，它们是两个不同的变量。

（3）在 scanf() 函数中，遗漏了取地址运算符&。

例如，把语句 scanf("%d,%d", &a, &b); 写成了 scanf("%d,%d", a, b);

（4）输入输出数据的类型与所用格式说明符不一致。这类错误编译时不显示出错信息，但运行结果不对，要格外注意。例如：

```
float a=1.5;
printf("%d\n", a*a);     // 输出结果是 0
```

（5）误把赋值号当作等号使用。例如：

```
if(a=b) printf("a equal to b");
```

只要 b 不等于 0，赋值表达式 a=b 的值就不等于 0，因此总满足条件。即是说，无论 a 是否等于 b，都输出 a equal to b。

（6）忽视了字符与字符串的区别。例如：

```
char ch;
ch="A";     // ch 是字符型变量，而"A"是字符串。应改为 ch='A';
```

（7）不该加分号的地方加了分号。例如：

```
if(a>=b);     // 这里不能加分号
    printf("%d\n", a);
else
    printf("%d\n", b);
```

（8）将最大下标等同于数组元素个数。由于数组元素的最小下标规定为 0，所以最大下标等于元素个数减 1，而不是元素个数。这类错误编译时不显示出错信息，但运行结果不对，要格外注意。例如：

```
int a[5]={1,2,3,4,5};
printf("%d\n", a[5]);     // 没有元素 a[5]，最大下标的元素是 a[4]
```

5. 常用库函数

C 语言提供了丰富的库函数（或称标准函数）。了解库函数的功能、函数名、参数类型、参数个数及函数值的类型，就可以直接引用库函数。引用库函数要在程序中使用#include 命令包含相应的头文件。常用的库函数列于表 1-1 和表 1-2 中。

表 1-1　常用数学函数（头文件 math.h）

函数名	函 数 说 明	功　　能	备　注
abs	int abs(int n)	返回 int 型数 n 的绝对值	
cos	double cos(double x)	计算三角函数 cos x 的值	x 的单位为弧度
exp	double exp(double x)	计算 e^x 的值	
log	double log(double x)	计算 ln x 的值	自然对数
log10	double log10(double x)	计算 log x 的值	常用对数
pow	double pow(double x, double y)	计算 x^y 的值	

sin	double sin(double x)	计算三角函数 sin x 的值	x 的单位为弧度
sqrt	double sqrt(double x)	计算 x 的平方根	x≥0
tan	double tan(double x)	计算三角函数 tan x 的值	

表 1-2　常用字符函数和字符串函数

函数名	函数说明	功能	备注
getchar	int getchar( )	从标准输入设备读取一个字符。读取成功返回所读字符，否则返回-1	头文件 stdio.h
putchar	int putchar(ch)	将 ch 中的字符输出到标准输出设备。输出成功返回输出的字符，否则返回 EOF	头文件 stdio.h
strcat	char *strcat(char *s1,char *s2)	将字符串 s2 连接到 s1 后面，返回 s1 的地址	头文件 string.h
strcmp	int strcmp(char *s1,char *s2)	按辞典顺序对两个字符串进行比较。两个字符串相等，返回 0；s1>s2，返回正数；s1<s2，返回负数	头文件 string.h
strcpy	char *strcpy(char *s1, char *s2)	将字符串 s2 复制到 s1 中，返回 s1 的地址	头文件 string.h
strlen	int strlen(char *s)	求字符串 s 的长度。返回 s 所包含的字符数	不含字符串结束符 \0，头文件 string.h

C 语言的库函数还有很多，有兴趣的读者可查阅附录 1。

1.1.2　C 语言程序的结构、书写规则与主函数

1. C 语言源程序的结构

C 语言源程序的结构的 6 个特点如下：

（1）一个 C 语言源程序是由一个或多个源文件组成。

（2）一个源文件由一个或多个函数组成。

（3）一个源程序中都包含且只能包含一个主函数 main( )。

（4）源程序中可以有预处理命令（如，#include），预处理命令通常放在源文件或源程序的最前面。

（5）每个说明、语句都必须以分号";"结尾。但是预处理命令、函数头和花括号"}"之后不能加分号。

（6）标识符、关键字之间必须至少加一个空格以示间隔。但是，如果已有明显的间隔符，也可以不再加空格来分隔。

2. 程序的书写规则

为了便于阅读、理解和维护程序，在书写程序时应遵循以下 4 个规则：

（1）一个语句或一个说明占一行。但是，在不影响程序可读性时，一个程序行允许写

几条语句，也允许一条语句分几行书写。

（2）用花括号"{}"括起来的部分，通常是为了表示程序的某一层次结构。所以，"{}"一般与该结构语句的第一个字母对齐，并且单独占一行。

（3）C 语言程序字母区分大小写，用户书写程序时，要求关键字都使用小写字母。

（4）低一层次的语句或说明可以比高一层次语句或说明缩进若干个格，以便更加清晰，增加程序的可读性。

3. 主函数

主函数 main( )在一个有效程序中的地位相当于程序的主体，就像大树的树干，而其他函数都是为主函数服务的，就像树干分出的枝干。主函数的 3 个特点：

（1）C 语言规定必须用 main 作为主函数名，其后的圆括号可以是空的，但不能省略。

（2）程序中的 main( )是主函数的起始行，也是 C 程序执行的起始行，每个程序都必须有一个且只能有一个主函数。在 main( )后，用一对花括号"{}"括起来的语句序列称为函数体。函数体内的语句序列，在没有遇到跳转语句时，按先后顺序，依次执行。

（3）一个 C 语言程序总是从主函数开始执行，到 main 函数体执行完后结束，而不论 main 函数在程序中的位置如何。

主函数的前面，可以有一个说明其类型的关键字（如，int、char），表示函数返回值的类型。C99 标准保留有 37 个关键字，这些关键字有特定的作用和使用方法。

在一个 C 语言源程序的 main 函数之外的其他函数，在整个程序中的位置任意。函数是组成 C 语言的基本单元，每个函数完成某种特定的功能，它的功能由函数的设计者编写代码来实现（被称为函数定义）。而函数的使用者，并不需要知道实现的细节，就可以来使用它（被称为函数调用）。

1.1.3　标识符和关键字

1. 标识符

标识符用来标识程序中的变量名、符号常量名、函数名、数组名、类型名、文件名的有效字符序列，除了库函数的函数名由系统定义外，其余都由用户自定义。C 语言规定标识符只能由字母（大小写均可）、数字和下划线组成，且第一个字符必须为字母或下划线。下面列出的是合法的标识符：

　　　　man，sum，people，month，Teacher_name，chen，PI，zhang_qing

下面是不合法的标识符：

　　　　Mr.Chen，　No.1，$238，#45，　5F78，c>d，￥668

2. 关键字

关键字是由 C 语言规定的具有特定意义的字符串，不能作为它用，通常也称为保留字。应注意的是用户定义的标识符不应与关键字相同。C99 标准则规定了 37 个关键字，所有的关键字都必须小写，如表 1-3 所示。

表 1–3　C99 关键字

流程控制	break	case	continue	default	do	else
	for	goto	if	return	switch	while
存储属性	auto	extern	static	register		

续表

数据类型	_bool	_complex		_imaginary		char	
	const	double	enum	float	int	long	
	restrict	short	signed	struct	union	unsigned	
	void	volatile					
其他	inline	sizeof	typedef				

1.1.4　数据的输入/输出

在 C 语言程序文件的开始部分有预处理命令，例如#include <stdio.h>，是用于包含头文件"stdio.h"的预处理命令。一般程序中使用的格式输出函数 printf()和格式输入函数 scanf()等，就定义在该头文件中。程序运行时，要将头文件"stdio.h"里的内容先拷贝过来，然后再将合并到一起的内容进行编译处理。

1. 格式输出函数 printf()

该函数是一个标准库函数。一般形式如下：

printf("格式控制字符串",输出项目清单);

用双引号内的格式控制字符串中，使用较多的符号为"%"，该符号与其后面的格式符，规定了对应输出项的输出格式，其他符号按原样输出。例如，%d 用来输出十进制整数，%f 用来输出实数。

printf("%d,%d",-58,66);　　　 // 将输出-58,66
printf("%f",66);　　　　　　　 // 将输出 66.000000

其中的输出项目清单为选择项，视情况选或不选。

使用函数 printf( )时的注意事项

● 格式控制字符串中的占位符个数，应于输出项中的数目相同。如果输出项数少于占位符个数，则会输出一些无意义的信息；如果输出项数多于占位符个数，则多余的输出项不会被输出。

　printf("a = %d, b = %d\n", 10);　　　　　 //输出 a = 10, b = 0
　printf("a = %d, b = %d\n", 10, 20, 30);　　 //输出 a = 10, b = 20

● 占位符中的"类型"说明字符，应该与输出项中的数据的类型保持一致。否则，会输出错误的信息。例如：

　printf("%d\n", 103.123);　　 //输出 996432413
　printf("%f", 1);　　　　　　 //输出 0.000000

在用双引号括起来格式控制字符串中，因为有些控制字符无法从键盘输入，所以采用了一种"转义"的机制，例如 '\n' 表示换行符。

2. 格式输入函数 scanf()

该函数是一个标准的库函数。一般形式如下：

scanf("格式控制字符串",输入项目清单);

其中，放在双引号内的格式控制字符串用来规定输入格式，其用法和 printf()相同。输入项目清单中至少要包含一个输入项，且必须是变量的地址（变量地址的表示形式是在变量名前面加一个"&"），当有多个输入项时，相互之间用逗号隔开。例如：

scanf("%f%d",&a,&b);　　 /*将接收从键盘输入的一个实数和一个整数，并分别存放在

变量 a 和 b 中。*/

使用函数 scanf( )时的注意事项：

● 应保证格式控制串中的占位符的个数及类型与输入项中的个数及类型相同。

● 输入项应为内存"地址"。（普通变量前加取址运算符'&'）。

● 格式控制串中，尽量不要加一些不必要的字符，否则会带来麻烦。例如：

　　scanf("%d,%f", &a, &b);

　　只有当用户输入时使用','将两个数据分开时才会正确。如果将输入语句写成这样：

　　scanf("a=%d,b=%f", &a, &b);

　　用户只有这样输入：a=10,b=2.34

　　才能得到正确的结果。

● 对于 double 类型的变量，格式控制串应写成：%lf。例如：

　　double d;

　　scanf("%f", &d);　　　　　　//输入的结果会出错

　　scanf("%lf", &d);　　　　　　//正确

输入输出函数在程序中使用十分频繁，需要熟练掌握。

1.2　实习 开发 C 语言程序的基本方法

1.2.1　实习目的

1. 熟悉 VC++6.0 集成开发环境。

2. 掌握创建工程和源程序文件的方法。

3. 掌握在 VC++集成开发环境下编辑、编译、连接和运行 C 语言程序的基本操作。

4. 掌握 C 语言程序的基本结构。

1.2.2　实习内容

1. 编写一个计算长方形面积的程序，长方形的长和宽为整数，其值由键盘输入。

提示与分析：

① 设长方形的长、宽和面积分别用变量 a、b、s 表示，面积 s=a×b。

② 因为要用到的输入、输出库函数 printf()和 scanf()，是在头文件 stdio.h 中定义的，所以在程序的开头要使用预处理命令#include <stdio.h>。

③ 在 VC ++6.0 环境下，注释的两种方式。

● "//"，其后面直到一行结束的内容为注释内容（单行注释）。

● "/* …… */"，其中间的内容为注释内容(单行、双行或多行注释均可)。

参考程序：

```
#include <stdio.h>                   /*预处理命令*/
void main()                          /*主函数*/
{   int a, b, s;                     /*定义整型变量 a,b,s*/
    printf("请输入长和宽：");         /*输出提示信息*/
    scanf("%d, %d", &a, &b);         /*输入的两个数据之间加逗号，如 5,9 */
```

```
    s=a*b;                          // 计算表达式 a*b 值，并将结果赋给变量 s
    printf("长方形面积为%d\n", s);    // 输出长方形的面积值
}
```

操作方法：

方法一：

● 创建一个空工程（即，项目）；

● 新建一个 C 语言源程序；

● 编译、链接、执行；

（1）创建一个空工程

①执行"文件"菜单中的"新建"命令，弹出"新建"对话框。在该对话框的"工程"选项卡下，选定"Win32 Console Application"，在"工程"框中输入工程名称(如 ex1_1)，在"位置"框中输入工程目录（如 D:\12990001\ ex1_1），如图 1-2 所示。

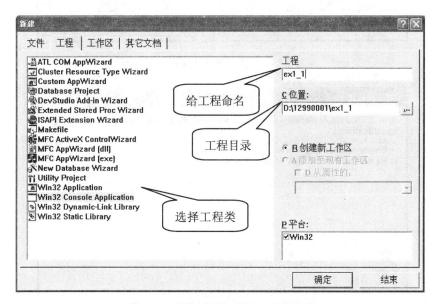

图 1-2　新建对话框中的工程选项卡

②单击"确定"按钮，弹出向导对话框。在该对话框中选定"An empty project"（一个空工程），如图 1-3 所示。单击"完成"按钮，弹出新建工程信息框，如图 1-4 所示。单击"确定"按钮，系统自动创建了一个空工程 ex1_1。

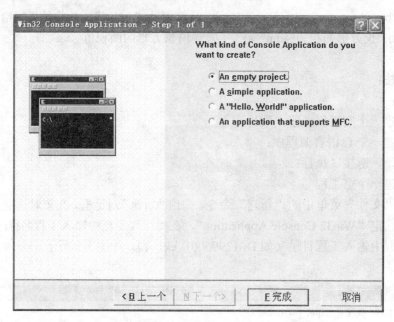

图 1-3　向导对话框

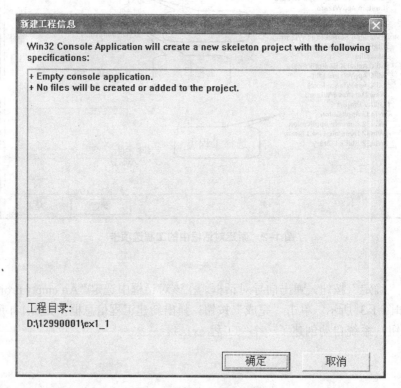

图 1-4　新建工程信息框

（2）编辑建立源程序文件

① 执行文件菜单中的"新建"命令，弹出新建对话框。在该对话框的"文件"选项卡下，选定源文件类型为"C++ Source File"，在"文件"框中输入文件名（如 f1，扩展名.c 可省略），如图 1-5 所示。

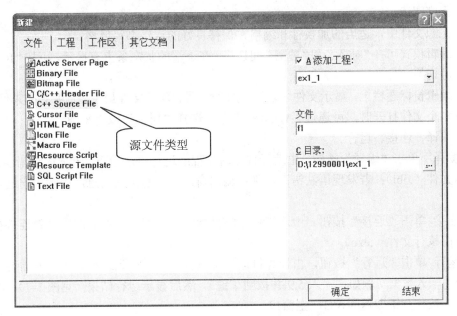

图 1-5　新建对话框中的文件选项卡

② 单击"确定"按钮，弹出代码窗口。在该窗口中输入、编辑源程序，如图 1-6 所示。输入完毕，单击工具栏上的"保存"按钮。

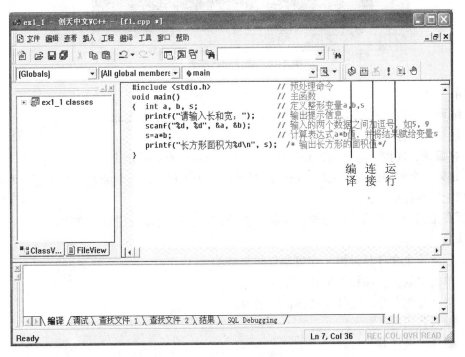

图 1-6　代码窗口

输入源代码。需要注意的是：

● 不要使用中文的全角符号，否则编译程序时会出错。

● 编辑代码时，系统将关键字用不同的颜色显示，这样方便检查输入错误，也便于程序阅读。

● 在源文件中，适当的加换行和缩格，保持良好的程序书写风格。

● 编辑模式可在"插入"和"覆盖"间切换，在下端的状态条上有提示。可按"Insert"键切换。

● 编辑窗标题栏上，显示文件名，其后的"*"号，表示文件最近修改后，尚未保存。

● 多个文件打开时，可通过"Window"菜单选择"层叠"或"平铺"。

（3）编译、连接、运行

① 编译　单击"编译"按钮。由编译程序对源程序进行语法检查，若无语法错误，则生成目标文件（.obj）；若发现语法错误，则在输出窗口中显示错误信息，提示用户进行修改。

② 连接　单击"连接"按钮。由连接程序将目标文件与程序中用到的库函数连接在一起，生成可执行文件（.exe）。

③ 运行　单击"运行"按钮，由计算机运行可执行文件，得到运行结果。若需要输入数据，则先输入数据（例如：输入 5,9 并按回车键），然后显示运行结果（见图 1-7）。看完运行结果，按任意键即返回 VC++主窗口。

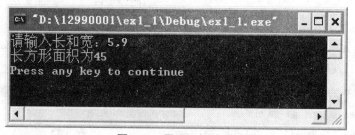

图 1-7   显示运行结果

说明：

① 编译、链接生成可执行文件"工程名.exe"（例如：ex1_1.exe）。

② 运行可执行文件。

③ 对编译、连接、运行的操作，在"编译"菜单中有相应的命令。

④ 如果一个程序编写完成后，还要编写另外一个程序，就需要新建一个工程，否则两个程序都无法连接运行。

下面介绍另一种更简便的方法。步骤虽然不同，但机理却是完全一样的。

方法二：

● 创建一个文件目录用于存放源代码文件；

● 单击"新文件图标"创建一个文本文件；

● 将文件保存为.c 文件（文件扩展名为.c）；

● 输入代码；

● 编译、链接并运行。

操作步骤：

（1）在 D 盘创建一个目录（文件夹），命名为 test；

（2）使用工具栏新建文本文件（New Text File）按钮，创建一个文本文件，随后立即保存该文件，命名为 area.c（扩展名不能省略）。尽管从本质上看，源代码文件也是一个文

本文件，但 VC++6.0 需要根据文件的扩展名，来采取相应的操作，如果扩展名是.txt，VC
就不会把它当作源代码文件来进行处理。

文件保存后，目录 D:\test 中出现 area.c 文件。

（3）输入代码并保存，如图 1-8 所示。

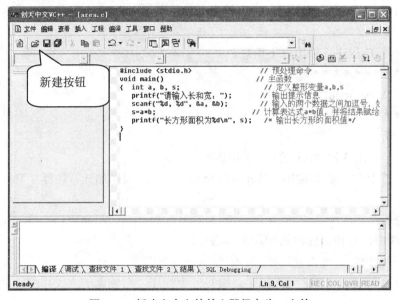

图 1-8　新建文本文件并立即保存为.c 文件

（4）单击"编译"按钮。弹出如图 1-9 所示的对话框，询问是否需要创建一个默认的
工程工作区。选择"是"。

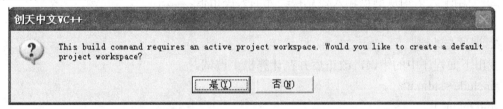

图 1-9　创建工程工作区对话框

则在 area.c 文件所在的当前目录，创建一个名为 area 的工作区和工程。

（5）接下来的操作，和"方法一"就完全一样了。

两种方法的区别：第一种方法先设置好工程工作区，然后向其中添加源代码文件。第
二种方法，直接创建源代码文件，在编译的时候，由系统根据文件的扩展名，自动的创建
工程工作区。

2. 使用键盘输入两个实型变量的值，然后将它们的值交换后输出。

提示与分析：

①定义两个实型变量，其值由键盘输入。

②定义一个实型变量，作为两个变量值交换的中间变量。

参考程序：

```
#include <stdio.h>
void main()
```

```
{   float x, y, t;                          // 定义实型变量 x、y、t
    printf("请输入 x, y: ");                 // 提示输入 x 和 y 的值
    scanf("%f,%f", &x, &y);                 // 从键盘输入 x 和 y 的值
    t=x;   x=y;   y=t;                      // 使用中间变量 t,将 x 和 y 的值进行交换
    printf("%f,%f\n", x,y);                 // 输出交换结果
}
```

3. 编写一个 C 程序,输出以下信息。

```
* * * * * * * * * * *
        Very Good!
* * * * * * * * * * *
```

提示与分析:

在程序中,使用 3 次 "printf();" 语句就可以了。

4. 编写一个程序,能够输出 "Welcome to C ",并给程序加一行注释 "This is my first C program."

提示与分析:

① 在程序中,要使用输出语句和注释语句。

② 注释一行语句,可以使用 "//" 或 "/* …… */"。

5. 假设 1 美元兑换 6.228 元人民币。编写一个程序,对输入的人民币值,能输出兑换的美元金额。

提示与分析:

① 定义两个实型变量,分别标识人民币值和美元金额。

② 使用输入语句从键盘输入要兑换美元的人民币值,

③ 人民币兑换美元的算式:美元金额=人民币值÷6.228。

6. 调试与改错

找出下面程序中的错误,改正后并在计算机上调试。

```
#include <stdio.h>
void main( );
{
    int a;
    float b
    scanf(%d,%d,a,b);
    printf("%f,%f"a,b);
}
```

1.3　思考练习与测试

一、思考题

1. C 程序的结构特点与书写格式是什么?

2. 如果去掉#include <stdio.h>,程序是否会正常运行?

二、练习题

1. 选择题

（1）以下说法中正确的是（　　）。

　　A. C 程序运行时，总是从第一个定义的函数开始执行

　　B. C 语言程序运行时，总是从 main()函数开始执行

　　C. C 语言源程序中的 main()函数必须放在程序的开始部分

　　D. 一个 C 函数中只允许一对花括号

（2）下列标识符中错误的一组是（　　）。

　　A. Name, char, a_bc, A-B　　　　　　B. abc_c, x5y, _USA, print

　　C. read, Const, type, define　　　　　D. include, integer, Double, short_int

（3）下面的单词中属于 C 语言关键字的是（　　）。

　　A.include　　　　B. define　　　　C. ENUM　　　　　D.union

（4）下面属于 C 语句的是（　　）。

　　A. printf("%d\n",a)　　　　　　　　B. /* This is a statement * /

　　C. x=x+1;　　　　　　　　　　　　D. #include <stdio.h>

（5）在一个 C 语言程序文件中，main()函数的位置（　　）。

　　A. 必须在开始　　　　　　　　　　B. 必须在最后

　　C. 必须在系统调用库函数之后　　　D. 可以任意

（6）C 语言源程序的基本组成结构是（　　）。

　　A. 过程　　　　B. 函数　　　　C. 程序段　　　　D.子程序

（7）下列四个叙述中，错误的是（　　）。

　　A.C 语言中的标识符必须全部由字母组成

　　B. C 语言不提供输入输出语句

　　C. C 语言程序中的注释可以出现在程序的任何位置

　　D. C 语言中的关键字必须小写

2. 填空题

(1) Visual C++ 6.0 中，开发一个 C 语言程序要经过____、____、____和___四个阶段。

(2) Visual C++ 6.0 中，C 语言源程序经过编译后生成的目标文件的默认扩展名是_____。

(3) Visual C++6.0 中，C 语言源程序经过编译和连接后生成的可执行文件的扩展名是_____。

(4) Visual C++ 6.0 中，用_____菜单可同时实现 C 语言源程序的编译和连接。

(5) Visual C++ 6.0 中，进行 C 语言源程序编辑时，用_____菜单可打开已存在的源文件。

三、测试题

1. 选择题

（1）以下叙述正确的是（　　）

　　A. C 语言是一种面向对象的高级程序设计语言。

　　B. C 语言程序是可以直接运行的。

　　C.VC6.0 不需要安装，直接从已经安装好的机器上拷贝过来就可以运行了。

　　D. C 语言程序是从 main( )函数开始运行的。

（2）以下代表 C 语言源文件的图标是（　　）。

A.   B.

C.   D.

（3）在 VC6.0 中运行程序的按键是（　　）。

A.   B.

C.   D.

（4）以便关于 C 语言中的注释的说法错误的是（　　）

A. 注释会增加编译后的可执行文件大小，因此应该省略。

B. 注释分为两种：块注释和行注释。

C. 适当增加注释，可提高代码的可读性，方便维护和调试。

D. 注释会增加源文件的大小，但不会增加编译后的可执行文件大小。

（5）以下叙述中错误的是（　　）

A. VC6.0 中，编译后生成的.obj 文件和.exe 文件都放在 debug 目录中。

B. 一个源程序的工程中，可以含有多个源文件，每个源文件中都必须有一个 main( ) 函数。

C. 在源文件中有输入/输出语句时，开头的"#include <stdio.h>"一定不能省略。

D. C 语言对英文字母的大小写是敏感的。

2. 填空题

（1）C 语言是面向_____的语言，它适合于系统级的编程。

（2）每个执行语句都以_____结尾。

（3）C 语言程序编译后生成的文件扩展名为____，链接后生成的文件扩展名为___。

（4）C 语言是从_____开始执行的，它标识着程序的唯一入口。

（5）如果将一个语句后面的分号删除，会产生_____错误。

3. 阅读程序写出执行结果

（1）下列程序的运行结果为（　　）。

```c
#include <stdio.h>
void main()
{
    int a=100;
    float b=128.0;
    printf("a=%d,b=%f\n",a,b);
}
```

（2）下列程序的运行结果为（　　）。

```c
#include <stdio.h>
void main()
{
```

```
        int a1=20,a2=55,a3;
        a3=150-a1-a2;
        printf("%d\n",a3);
    }
```

4. 编程题

（1）编写一个 C 语言程序，输出以下信息。

```
==========
    One child
==========
```

（2）编写一个计算长方形周长的程序。长方形的长和宽为整数，其值由键盘输入。

第 2 章　基本数据类型与数据运算

本章导读

● 　知识点介绍
● 　基本数据类型、变量与常量的使用实习
● 　运算符与表达式实习
● 　思考练习与测试

2.1　知识点介绍

2.1.1　数据类型

数据类型是一个"值"的集合和定义在此集合上的"操作"的总称。在 C 语言中，基本数据类型包括：整型、字符型、单精度浮点型、双精度浮点型。分别用关键字 int、char、float、double 来描述。

基本数据类型可以分为两类：用于表示数值数据的类型（int、float、double），及用于表示符号数据的类型（char）。整型数据在计算机内部的是以补码方式存储的，字符型数据是以其对应的 ASCII 码值进行表示的，其实也是整数值，所以 char 类型也可以用于表示范围比较小的整数。

C 语言的基本数据类型如表 2-1 所示：

表 2–1　基本数据类型

数据类型	关键字	内存字节数	取值范围
字符型	char	1	$0\sim（2^8-1）$
整型	int	4	$-2147483648\sim2147483647$
浮点(单精度)型	float	4	$-3.4\times10^{38}\sim3.4\times10^{38}$
双精度型	double	8	$-1.798\times10^{308}\sim1.798\times10^{308}$

2.1.2　常量

在程序运行过程中其值不可以改变的量，C 语言的常量，包括直接常量和符号常量。

1. 直接常量

直接常量也称字面常量或值常量，包括整型常量、实型常量、字符常量、字符串常量。

（1）整型常量

整数常量后可加后缀 U 或 L。U 表示无符号整数，L 表示长整型。八进制常数以阿拉伯数字 0 为前缀，而十六进制常数以 0x 或 0X 开头。以下整型常数是合法的：

十进制	1000	-423	245U	9392L
八进制	0100	0736	（数字只能包含 0~7）	
十六进制	0xffeb	0XA38E	（只能包含数字 0~9，字母 a~f，及 A~F）	

（2）实型常量

实数常量有小数方式和指数方式两种表示方法。小数方式表示与数学上的表示方式相同，如 1.34，-2.0 等。指数方式用 e 或 E 表示以 10 为底数，因此 1E2 表示 100.0。实常数可以加后缀 F 或 L（大小写皆可），分别表示单精度和长双精度数。以下实数常量的表示是合法的：

单精度数	1.34F	94.57f	3.1e4f	4.39E-4F
双精度数	3.456	-12.35	12E3	0.123e5　（隐含按双精度处理）
长双精度数	123.89L			

如果采用指数方式，指数部分不能为小数。例如：1.2e1.2 是不合法的。

（3）字符常量

字符常量只能表示单个字符，且必须用单引号括起来。对于可从键盘输入的符号，如数字、标点、字母、空格等，可直接表示。例如：

空格：' '

星号：'*'

字母：'a'、's'、'A' 'Z'

数字：'2'、'9'

（4）字符串常量

字符串常量是用一对双引号括起来的一个或多个字符。例如：

"student"、"Hello"、"a"

2. 符号常量

符号常量使用前必须先定义，定义符号常量有以下两种定义形式：

（1）#define 标识符　常量　　　　　// 宏定义形式

（2）const　类型　标识符=常量;　　// 语句定义形式

例如：

#define PI 3.1416

const double PI=3.1416;

除了用户定义的符号常量外，还有系统提供的可以直接使用的符号常量。例如：NULL、EOF 等。

另外，转义字符是一种特殊的字符常量。

在 C 语言中，为了表示 ASCII 表中的特殊符号，如控制字符，它们没有办法从键盘输入，必须采用转义符的方式。转义符都以反斜杠"\"开头，表示其后跟随的字母、字符或数字有特殊的含义。例如：

'\n'　　　//回车换行

'\t'　　　//制表符

'\b'　　　//退格

'\a'　　　//鸣铃

'\''　　　//单引号

         '\"'   //双引号

         '\\'   //反斜杠

用字符的 ASCII 码值表示，可采用八进制格式 '\ddd' 或十六进制格式 '\xhh'。如已知字符 'a' 的 ASCII 值为 97，转化为八进制是 141，转化为十六进制是 61。以下都表示同一个字符：

            'a'   '\141'   '\x61'

2.1.3　变量

在程序运行过程中其值可以改变的量称为变量。所有变量在使用前必须先定义。定义变量的同时可以赋初值。

变量赋值语句的格式如下：

变量名=表达式;   //常量是表达式的特殊情况

例如：

int　a=0, b=5+4;   //定义整形变量 a 和 b 的同时给其赋初值

变量定义，一般放在函数体的开头部分。

1. 变量的数据类型、值和地址

变量的数据类型决定了变量编码格式和行为。变量的值是在程序运行中动态变化的，但变量的地址，在其生命周期内却是不变的。除了可以通过变量名获取或修改变量的值外，也可以由变量的地址"间接获取"。

2. 变量名命名规则

变量名是由字母、数字和下划线组成，且首字符不能是数字。变量名、函数名都是需要满足此要求。为方便使用，变量名称最好能见名识义，如变量的类型、用途。

以下变量名是合法的：

length、area_23、_foo、width、high

以下变量名是不合法的：

         2i   //不能以数字开头

         my book   //名字中不能出现空格

         for   //不能使用关键字

3. 变量的初始化

定义变量后，与变量对应的内存区域的状态是不确定的，也就是说，其中存放的信息是"无效的"。因此，在使用变量前，首先要给其赋值，即初始化变量的值。

在程序中，可以在定义变量的同时对其初始化，或者先定义变量后对其初始化。例如：

       int age = 18;   //定义的同时初始化，其中"="是赋值运算符

       int age; age = 18;   //先定义，后初始化

说明：

（1）在 C 语言中，凡是没有被事先定义为变量的标识符，不能作为变量名使用，这就能够保证程序中变量名的正确性。

（2）每一个变量被指定为一个确定类型，在编译时系统能为其分配相应的存储单元。

（3）每一个变量属于一个类型，在编译时系统据此检查该变量所进行的运算是否合法。

2.1.4. 运算符和表达式

由常量、变量等组成操作数，操作数和运算符一起，就构成了表达式。表达式是 C 语

句的主体。在学习表达式之前，要先了解每一种运算符的优先级、功能等特性。

1. 运算符的优先级和结合性

运算符的优先级和结合性如表 2-2 所示。

表 2-2 运算符的优先级和结合性

优先级	运算符	功 能	运算量个数	结合性
0	( )	圆括号，提高优先级		
1	[ ]	下标运算，指向地址运算	2	自左至右
	→	指向结构或联合运算		
	.	取结构或联合成员		
2	!	逻辑非	1	自右至左
	~	按位取反		
	++	加 1		
	--	减 1		
	类型关键字	强制类型转换		
	*	访问地址或指针		
	&	取地址		
	sizeof	测试数据长度		
3	*	乘法	2	自左至右
	/	除法		
	%	求整数余数		
4	+, -	加法，减法	2	自左至右
5	<<,>>	左移位，右移位	2	自左至右
6	<,<=,>,>=	小于，小于等于，大于，大于等于	2	自左至右
7	==,!=	等于，不等于	2	自左至右
8	&	按位与	2	自左至右
9	^	按位异或	2	自左至右
10	|	按位或	2	自左至右
11	&&	逻辑与	2	自左至右
12	||	逻辑或	2	自左至右
13	?:	条件运算	3	自右至左
14	=,+=,-=,*=/=,%=,^=,|=	赋值运算	2	自右至左
15	,	逗号运算	2	自左至右
备注	表中所列优先级，0 最高、15 最低。			

根据运算的功能，可分为：算术运算、关系运算、逻辑运算、位运算、赋值运算等。位运算的操作数必须是整数类型，主要用于硬件控制编程。关系运算和逻辑运算构成程序中的判断条件，实现程序的控制转移。算术运算和赋值运算用于操纵数据，保存运算结果。

在表 2-2 中，要理解运算的优先级和结合性。

（1）理解优先级

从表 2-2 可看出优先级的大致关系如下：

算术运算 ＞ 关系运算 ＞ 逻辑运算 ＞ 赋值运算

（2）结合性

在表达式中，如果运算符的优先级相同，就要考虑结合性。

表达式：a = b = c = 10;

赋值运算符'='为右结合，所以该表达式等价于：

a = (b = (c = 10));

表达式：a = b + c + 10;

加法运算符'+'为左结合，所以该表达式等价于：

a = ((b + c) + 10);

2. 表达式

一个表达式有一个值及其类型。表达式求值按运算符的优先级和结合性规定的顺序进行。单个的常量、变量可以看作是表达式的特例。在实际应用中，就要根据具体情况，写出正确的表达式。

（1）左值

虽然和变量相同的是，表达式也有值和类型。但和变量不同的是，表达式没有"左值"，也就是说，不能被赋值（不能放在赋值运算符的左边）。所以，以下语句存在语法错误：

(a + b)++;

a+b = 1;

（2）表达式的类型

按照优先级和结合性对表达式进行解析时，每个子表达也具有"类型"和"值"信息。同一个运算符，根据操作数的类型不同，结果也会不同。例如，有如下三个表达式：

1/2   // 整数除法的结果为 0

1.0/2.0   // 实数除法的结果为 0.5

1.0/2   // 系统将精度低的整型转换为精度高的实型，然后做实数除法，结果为 0.5

在 C 语言中，运算符 '/' 即可表示整数除法，也用于表达实数的除法。由于数据编码不同，整数的除法和实数的除法，对应于不同的机器指令。因此，前两种表达式写法，两个操作数类型相同，并没什么异议，对第三个表达式，系统自动将精度低的整数 2 转换为精度高的实数 2.0，然后做实数除法。

（3）关系运算和逻辑运算

在 C 语言中没有设计专门的数据类型用于表示逻辑值"真"和"假"，而是采用整数值 1 和 0 来表示。因此，关系运算和逻辑运算的结果都是整数类型，且只能为 0 或者 1。在第 3 章中，将进一步的讨论关系运算和逻辑运算。

2.1.5. 几个需要注意的运算符

只有了解运算符的特性，才能恰当的应用在程序中，以下运算符初学者应特别留意：

1. 自加、自减运算（++、－－）前后缀形式的区别

假设有如下定义：

    int i, j;

作为一个单独的语句，以下语句的行为是等价的：

 i++;

 ++i;

 i = i+1;

 i +=1;

作为一个子表达式，++i 和 i++是有区别的。如：

 j = ++i; 表示先将变量 i 自加 1，然后将自加后的值作为子表达式的值，赋值给变量 j。等价于++i; j = i;

 j = i++; 表示先将变量 i 的值作为子表达式的值赋值给变量 j，然后变量 i 自加 1。等价于 j = i; ++i;

以下形式的表达式，不同的编译器解析过程是不同的。因此会产生二义性，应避免在程序中使用这样的语句。

 j = i++ + i++;

可以解释为：j = i+i; i++; i++;

也可以解释为：t1 = i; i++; t2 = i; i++; j = t1+ t2;

2. 三元运算? :

这是 C 语言中唯一的三元运算符。例如，以下语句将变量 a 和 b 中较大的值赋值到变量 max 中：

 max = a>b ? a : b;

稍加变化，可以计算三个变量中的最大值：

 max = a>b ?(a>c? a: c):(b>c? b:c);

3. sizeof( )

它是一个运算符，而不是函数。用于计算某个数据类型所占的存储空间大小（以字节为单位）。操作数可为类型名，也可以为一个表达式。例如：

 printf("%d", sizeof(int)); //输出 4[①]

 printf("%d", sizeof(1/1.0)); //输出 8

4. %运算

"取模"运算，要求两个操作数都必须为整数，如 5%2 的值是 1。可用于判断一个数的奇偶性，是否为素数，求两个数的最大公约数，取一个整数的各个数位。

2.2　实习一　基本数据类型、变量与常量的使用

2.2.1　实习目的

1. 学习定义和使用常量和变量的方法。

2. 依据实际问题，合理定义变量和常量。

3. 能编写解决实际问题的简单程序。

---

① 在 32 位机器中，int 类型占 4 字节。

2.2.2 实习内容

1. 下面是用函数 printf( )在屏幕上输出下列常量。

'A', 'd', 55, 3.14, "I am a freshman.", "20120000158" 的程序，请填空并上机验证。

```
#include <stdio.h>
#define _____
#define _____
void main()
{
    char c1='A', c2='d';
    int a=55;
    double b=3.14;
    printf("字符常量：%c,%c \n",c1,c2 );
    printf("数值常量：_____\n",a,b );
    printf("字符串常量：%s 及%s\n",STR1,STR2 );
}
```

提示与分析：

① 'A' 和 'd' 为字符常量，而 "I am a freshman." 和 "20120000158" 为字符串常量。可以把一个字符常量赋予一个字符变量，但不能把一个字符串常量赋予一个字符变量。

② 可以用宏定义命令#define，把字符串常量标识成符号常量。

2. 下面程序是将常量 3.1416, 'B', "Hello", 100 定义为符号常量，并将它们显示在屏幕上。请填空并上机验证。

```
#include <stdio.h>
#define PI 3.1416
#define CH 'B'
#define STR "Hello"
void main()
{
    const _____
    printf("符号常量 PI=%f \n",PI );
    printf("符号常量 N=%d \n",N );
    printf("符号常量 CH=%c \n",CH );
    printf("符号常量 STR=%s\n",STR );
}
```

提示与分析：

定义符号常量有以下两种定义形式：

① #define 标识符 常量 // 宏定义形式

② const 类型 标识符=常量; // 语句定义形式

3. 写出下列程序的运行结果，并在计算机上验证。

```
#include <stdio.h>
```

```
void main()
{
    char c1='a',c2='b',c3='c',c4='\101',c5='\116';
    printf("a%cb%c\tc%c\tabc\n",c1,c2,c3);
    printf("\ta\b%c%c\n",c4,c5);
}
```

提示与分析：

① 程序中使用了转义字符'\t'，其含义是跳到下一个制表位置；转义字符'\101'的含义是八进制数 101 的 ASCII 代码'A'；转义字符'\116'的含义是八进制数 116 的 ASCII 代码'N'；转义字符'\b'的含义是退格（回退一个字符位置）。

② 此程序的运行后，在屏幕上输出的结果如下：

aabb　　　cc　　　　abc
　　　　　AN

4. 已知圆周率 π，输入半径 r，要求保留 4 位小数输出圆的面积，保留 2 位小数输出圆的周长。

提示与分析：

① 圆周率 π 是一个常数，因此在程序中将其定义为浮点数据类型的符号常量 PI。

② 因为，圆的面积等于 PI×r×r，圆的周长等于 2×PI×r，所以程序中应将标识圆的面积、周长及半径的变量定义为浮点数据类型。

③ 要求圆的面积保留 4 位小数，圆的周长保留 2 位小数，所以程序中 printf()函数的输出格式应为%.4f 和%.2f。

5. 调试与改错

找出下面程序中的错误，改正后并在计算机上调试。

```
#include   "stdio"
void main()
{
    int x;
    float y;
    scanf("%d,%d",x,y);
    y=x+y
    printf("%d",y);
}
```

2.3　实习二　运算符与表达式

2.3.1　实习目的

1. 掌握 C 语言中常用运算符的功能、使用方法、优先级及结合性。

2. 依据实际问题，用正确的表达式表示出合理的算法，并能编写解决实际问题的程序。

2.3.2　实习内容

1. 下面程序的功能是从键盘输入三角形三条边长的数据，用海伦公式计算三角形的面积（保留两位小数）。已知程序有错，请找出错误并改正。

```c
#include <stdio.h>
#include <math.h>
void main()
{
    float   a,b,c,area,p;
    printf("请输入三角形的三条边长：a,b,c：\n" );
    scanf("%f,%f,%f",a,b,c );
    p=a+b+c/2;
    area=(float)sqrt(p*(p-a)*(p-b)*(p-c));
    printf("三角形边长为 a=%.2f,b=%.2f,c=%.2f\n",a,b,c );
    printf("面积为:%.2f\n",area);
}
```

提示与分析：

① 设三角形三条边长及面积，分别用实型变量 a、b、c 及 area 标识。由于目前还没有学习程序的选择结构，故要求从键盘输入三角形三条边的长度时，应满足构成三角形的条件。

② 计算三角形面积的海伦公式为

$$s = \sqrt{p(p-a)(p-b)(p-c)} \qquad p = \frac{1}{2}(a+b+c)$$

③ 程序中要用到开平方函数 sqrt()，这就需要包含头文件 math.h。由于函数 sqrt() 的返回值为双精度浮点型，所以要考虑类型转换。

④ 输出的实数值，保留 2 位小数，用到输出格式符为"%.2f"。

2. 下面程序的功能是将输入的一个字符，判断该字符是否为英文字符，若是则输出 'T'，否则输出'F'。请填空。

```c
#include <stdio.h>
void main()
{
    char c,c1;
    printf("请输入一个字符：c \n" );
    c= _____ ;
    c1='A'<=c&&c<='Z'||'a'<=c&&c<='z'?'T':'F';
    printf("你输入的字符是否是英文字母？\n");
    _____;
    printf("\n");
}
```

提示与分析：

① 单个字符的输入、输出，可以使用函数 getchar() 和 putchar()，它们分别用来接收从

键盘输入的单个字符及向屏幕输出一个字符。

② 假设从键盘输入的单个字符，存入字符变量 c，使用条件运算符 "?:" 的表达式 'A'<=c&&c<='Z'||'a'<=c&&c<='z'?'T':'F'，可以判断 c 的值是否为字母。

3. 下面程序的功能是定义 4 种基本类型的变量，在程序中指定初始值，然后输出每个变量的值。再由键盘输入，修改这些变量的值后，再输出这些变量的值。请填空。

```c
#include <stdio.h>
int main()
{
    int i = 100;
    char c = 'H';
    float f = 2.041234332; //定义的同时初始化
    double d;
    d = 2.041234332; //单独初始化
    printf("当前各变量的状态:\n");
    printf("i:%20d\nc:%20c\nf:%20.10f\nd:%20.10f\n", i, c, f, d); //按一定的格式输出
    printf("\n 请输入 int、char、float、double 类型的数据\n");
    printf("按顺序输入,每种类型限输入一个数据:\n");
    scanf("%d%c%f%lf", _____ );
    printf("\n 输入后各变量的状态:\n");
    printf("i:%20d\nc:%20c\nf:%20.10f\nd:%20.10f\n", _____ );
    return 0;
}
```

提示与分析：

熟悉变量的定义和初始化、常量的表示及输入输出函数的使用。请注意参考代码中的输出格式，以及 float 类型和 double 类型的精度上的区别。

4. 下面程序的功能是计算并输出半径为 r，高为 h 的圆柱体的侧面积。找出下面程序中的错误，改正后并在计算机上调试。

```c
#include   stdio.h
void main( );
float r=5.0,h=8.0,s;
const PI=3.1416;
s=2*PI*r*h
printf("圆柱侧面积为%f", a);
```

提示与分析：

圆柱侧面积等于圆的周长乘高。

5. 编写程序，对从键盘输入的语文、数学、外语及综合 4 门科目的高考成绩，计算并输出总分和平均分。要求输出的总分和平均分保留两位小数。

提示与分析：

① 定义 6 个实型变量，分别标识语文、数学、外语及综合 4 门科目的高考成绩及总分和平均分。

② 输出的实数值保留 2 位小数的输出格式为 "%.2f"。

6. 编写程序，对赋初值的三个变量，分别使用自增、自减、复合赋值（如，a+=5）运算，并输出相应的运算结果。

提示与分析：

① 使用自增（或自减）运算符，有前置和后置两种。

- "先增值、后引用"（如 i=5，对++i 要先增值 1，即先使 i+1，然后再引用，因此++i 的值为 6）。
- "先引用、后增值"（如 j=5，对 j--要先引用原值，所以 j--为 5，然后再增值 -1，使得 j-1，最终 j 的值为 4）。读者应该分别记住它们的运算规律。

② 复合赋值运算符的形式和数学中的代数式相差很多，读者要适应这种书写格式。使用时，应先将其翻译成正常的赋值语句（如将 k+=5，翻译成 k=k+5），就可以容易求解了。

2.4　思考练习与测试

一、思考题

1. C 语言规定变量必须 "先定义、后使用" 的目的是什么？

2. 字符常量与字符串常量有什么区别？

3. 设变量 i=10,j=10，k=10, m=10, n=10, 写出下面表达式的值：

　　（1）i+=i-=i-i　　　（2）j+=j+++j　　　（3）k+=++k+k

　　（4）m+=m--+m　　　（5）n+=--n+n

4. 写出下面表达式的值：

　　（1）1-'0'　　　（2）1-'\0'　　　（3）'1'-0　　　（4）'\0'-'0'

二、练习题

1. 选择题

（1）C 语言中，基本数据类型是（　　）。

　　A. 整型、实型、逻辑型　　　　　　　　B. 整型、字符型、实型

　　C. 整型、字符型、逻辑型　　　　　　　D. 整型、实型、逻辑型、字符型

（2）下面标识符中，不合法的用户标识符为（　　）。

　　A. PAd　　　　　　　　　　　　　　　B.a_10

　　C._123　　　　　　　　　　　　　　　D.a#b

（3）下面标识符中，合法的用户标识符为（　　）。

　　A. day　　　　　　　　　　　　　　　B.3ab

　　C.enum　　　　　　　　　　　　　　　D.long

（4）（　　）是 C 语言提供的合法的数据类型关键字。

　　A. Float　　　　　　　　　　　　　　　B.signed

　　C.integer　　　　　　　　　　　　　　D.Char

（5）下列不合法的字符常量是（　　）。

　　A. '\2'　　　　　　　　　　　　　　　B.''''

　　C.' '　　　　　　　　　　　　　　　　D.'\483'

（6）下列不正确的字符串常量是（　　）。

　　A. 'abc'　　　　　　　　　　　　　　B. "12'12"

　　C. "0"　　　　　　　　　　　　　　　D. " "

（7）以下符合 C 语言语法的赋值表达式是（　　）。

　　A. d=9+e+f=d+9　　　　　　　　　B. d=9+e,f=d+9

　　C. x!=a+b　　　　　　　　　　　　 D. a+=a-=(b=4)*(a=3)

（8）若以下变量均是整型，且有语句 num=sum=7;,则执行表达式 sum=num++, sum++,++num 后 sum 的值是（　　）。

　　A. 7　　　　　　　　　　　　　　　B. 8

　　C. 9　　　　　　　　　　　　　　　D. 10

（9）若有定义：int a=7; float x=2.5,y=4.7;则表达式 x+a%3*(int)(x+y)%2/4 的值是（　　）。

　　A. 2.500000　　　　　　　　　　　B. 2.50000

　　C. 3.500000　　　　　　　　　　　D. 0.00000

（10）已知字母 A 的 ASCII 码为十进制数 65，且 c2 为字符型,则执行语句 c2='A'+'6'-'3'; 后，c2 中的值为（　　）。

　　A. D　　　　　　　　　　　　　　　B. 68

　　C. C　　　　　　　　　　　　　　　D.不确定的值

（11）若有 int k=7,x=12;，则能使值为 3 的表达式是（　　）。

　　A. x%=(k%=5)　　　　　　　　　　B. x%=(k-k%5)

　　C. x%=k-k%5　　　　　　　　　　 D.(x%=k)-(k%=5)

（12）假定编译器为 VC++6.0,为了计算 s=10!，则定义变量 s 时应该使用的数据类型是（　　）。

　　A. int　　　　　　　　　　　　　　B. unsigned

　　C. long　　　　　　　　　　　　　 D. 以上三种类型均可

（13）若 x、i、j 和 k 都是 int 型变量，则执行下面表达式 x=（i=4，j=16，k=32）后 x 的值为（　　）。

　　A. 4　　　　　　　　　　　　　　　B. 16

　　C. 32　　　　　　　　　　　　　　　D. 52

（14）执行下面程序段的输出结果为（　　）。

　　int x=13,y=5;　printf("%d",x%=(y/=2));

　　A. 3　　　　　　　　　　　　　　　B. 2

　　C. 1　　　　　　　　　　　　　　　D. 0

（15）执行下面程序段的输出结果是（　　）。

　　int x=023,y=5,z=2+(y+=y++,x+8,++x); printf("%d,%d\n",x,z);

　　A. 18,13　　　　　　　　　　　　　B. 19,14

　　C. 22,21　　　　　　　　　　　　　D. 20,22

（16）下列关于 C 语言用户标识符的叙述中正确的是（　　）。

　　A. 用户标识符中可以出现下划线和中划线（减号）

　　B. 用户标识符中不可以出现中划线，但可以出现下划线

　　C. 用户标识符中可以出现下划线，但不可以放在用户标识符的开头

D. 用户标识符中可以出现下划线和数字，它们都可以放在用户标识符的开头

（17）已知大写字母 A 的 ASCII 码值是 65，小写字母 a 的 ASCII 码是 97，则用八进制表示的字符常量'\101'是（　　）。

  A. 字符 A   B. 字符 a

  C. 字符 e   D. 非法常量

（18）设 a 和 b 均为 double 型变量，且 a=5.5、b=2.5，则表达式(int)a+b/b 的值是（　　）。

  A. 6.500000   B. 6

  C. 5.500000   D. 6.000000

2. 填空题

（1）若有 int m=5,y=2;则计算表达式 y+=y-=m*=y 后的 y 值是____。

（2）在 C 语言中，一个 int 型数据在内存中占 2 个字节，则 int 型数据的取值范围为____。

（3）若 s 是 int 型变量，且 s=6，则下面表达式的值为____。

s%2+(s+1)%2

（4）若 a 是 int 型变量，则下面表达式的值为____。

(a=4*5,a*2),a+6

（5）若 x 和 a 均是 int 型变量，则计算表达式（a）后的 x 值为____，计算表达式（b）后的 x 值为____。

(a) x=(a=4,6*2)

(b) x=a=4,6*2

（6）若 a 是 int 型变量，则计算下面表达式后 a 的值为____。

a=25/3%3

（7）若 x 和 n 均是 int 型变量，且 x 和 n 的初值均为 5，则计算表达式 x+=n++后 x 的值为____，n 的值为____。

（8）若有定义：char c='\010'；则变量 c 中包含的字符个数为____。

（9）若有定义：int x=3,y=2;float a=2.5,b=3.5;则下面表达式的值为____。

(x+y)%2+(int)a/(int)b

（10）已知字母 a 的 ASCII 码为十进制数 97，且设 ch 为字符型变量，则表达式 ch='a'+'8'-'3'的值为____。

三、测试题

1. 选择题

（1）下列选项中合法的标识符是（　　）。

  A. long   B. _2B

  C. VC6.0   D. 3num

（2）下列选项中，不合法的标识符是（　　）。

  A. print   B. double

  C. Main   D. Printf

（3）以下选项中，正确的整数常量是（　　）。

  A. 5,000   B. 018

  C. 10110111B   D. 0xFFab

（4）以下选项中，不合法的实型常量是（　　）。

　A. 3.23e03　　　　　　　　　　　　　B. 3.23e0.3

　C. 3.23E-4　　　　　　　　　　　　　D. 3.23E0

（5）以下选项中，合法的常量是（　　）。

　A. '\\'　　　　　　　　　　　　　　　B. '%%'

　C. o13　　　　　　　　　　　　　　　　D. 105B

（6）为表示关系：x>=y>=z，应使用的 C 语言表达式为：（　　）。

　A. x>=y AND y>=z　　　　　　　　　B. x>=y & y>=z

　C. x>=z && x>=y　　　　　　　　　　D. x>=y && y>=z

（7）以下程序的输出结果是（　　）。

```
#include <stdio.h>
void main( )
{   int a=4, b=3, c=2, d=1;
    printf("%d\n", (a<b?a:d<c?d:a));
}
```

　A. 1　　　　　　　　　　　　　　　　B. 2

　C. 3　　　　　　　　　　　　　　　　D. 4

（8）以下叙述中，错误的是（　　）。

　A. #include "stdio.h"不是 C 语句。

　B. sizeof( )不是一个函数。

　C. ++和－－ 运算也可看作是赋值语句。

　D. +、－、*、/、%运算对整型和实型都是有效的。

（9）若已正确定义整型变量，通过输入语句 scanf("%d%d%d",&a,&b,&c);给变量 a 赋值为1，b 赋值为2，c 赋值为3。不正确的输入形式是（　　）。

　A. 1 2 3　　　　　　　　　　　　　　B. 1, 2, 3

　C. 1　　　　　　　　　　　　　　　　D. 　1 2

　　 2 3　　　　　　　　　　　　　　　　　3

（10）若变量已正确定义并赋值，以下表达式合法的是（　　）。

　A. x+10 = y　　　　　　　　　　　　B. x%int(y)

　C. a+b*=c　　　　　　　　　　　　　D. x++, y++

（11）有以下程序

```
#include <stdio.h>
void main( )
{
    int a;
    printf("请输入 1 个整数:");
    scanf("%d", &a);      // 输入 16
    printf("% o,% x\n", a, a);
}
```

运行后的输出结果是（　　）。

　A. 020, 0x10　　　　　　　　　　　　B. 020　　0x10

　　　　C. 20, 10　　　　　　　　　　　　D. 16, 16

（12）有以下程序

```
#include <stdio.h>
void main()
{
    int a = 8;
    a+=a*=a/=a-4;
    printf("%d\n", a);
}
```

运行后的输出结果是（　　）。

　　　　A. 4　　　　　　　　　　　　　B. 8
　　　　C. 16　　　　　　　　　　　　 D. 10

（13）若有以下语句：int x = 4;,则表达式 x-=x+x 的值为（　　）。

　　　　A. -20　　　　　　　　　　　　B. 0
　　　　C. 10　　　　　　　　　　　　 D. -4

（14）表达式 3.7-5/2+1.4+6%5 的值为（　　）。

　　　　A. 4　　　　　　　　　　　　　B. 3.6
　　　　C. 4.1　　　　　　　　　　　　D. 3

（15）有以下程序

```
int a, b, c;
a = b = c = 0;
c = (a -= a-5) ,(b = b. b+3);
printf("%d, %d, %d", a, b, c);
```

运行后的输出结果是（　　）。

　　　　A. 3, 0, 3　　　　　　　　　　B. 3, 0, 10
　　　　C. 5, 0, 5　　　　　　　　　　D. 5, 3, -5

（16）有以下程序

```
int a, b;
a = 012;
b = 11;
printf("%d%d", a++, ++b);
printf("%d%d", b++, ++a);
```

运行后的输出结果是（　　）。

　　　　A. 12121412　　　　　　　　　B. 12121214
　　　　C. 10121212　　　　　　　　　D. 10121214

（17）有以下程序

```
int a, b;
a = 10;
b = 20;
printf("a=%d,b=%d", a);
```

运行后的输出结果是（　　）。

  A. a=10, b =20   B. a=10, b =

  C. 编译出错，不能运行 D. a=10 b=20

（18）printf("%c:%d\n", 'A', 'X' -'A');的输出结果是（　　）。

  A. A:24   B. X A

  C. A:23   D. X-A

（19）下列运算符中优先级最高的运算符是（　　）。

  A. || B. !

  C. >   D. %

（20）已知 int a=3, b=4, c=5，则以下表达式中，值为 0 的表达式是（　　）。

  A. a&&b   B. a<=b

  C. a||b+c&&b-c   D. !((a<b)&&!c||1)

2. 看程序写结果

（1）下面程序的运行结果是（　　）。

```
#include <stdio.h>
void main()
{   int a;
    printf("请输入 1 个整数:");
    scanf("%d", &a);     // 输入 16
    printf("%#o,%#x\n", a, a);
}
```

（2）下面程序的运行结果是（　　）。

```
#include <stdio.h>
void main()
{
    int a;
    a=1+2*4-3;   printf("%d\n",a);
    a=4+3%5-1;   printf("%d\n",a);
    a= -3*4%-6/5;   printf("%d\n",a);
    a= -(3+5)%4/2;   printf("%d\n",a);
}
```

（3）下面程序的运行结果（　　）。

```
#include <stdio.h>
void main()
{
    int a=026, b=0x15;
    printf("%d\n%d\n", a--, ++b);
}
```

（4）下面程序的运行结果是（　　）。

```
#include <stdio.h>
void main()
{
    int i=1;
    char ch='A';
    float f=2.0;
    double d=2.5;
    printf("%5.2f\n",ch/i+f*d- (f+i));
}
```

（5）下面程序的运行结果是（　　）。

```
#include <stdio.h>
void main()
{
    double x=10.6, y=3.05;
    printf("%d\n", (int)x%(int)y );
    printf("%.2f\n", x-y);
}
```

3. 程序填空

（1）下面程序的功能是，输入一个华氏温度，将其换算成摄氏温度并输出换算结果。换算公式为：C=5×(F-32)÷9，请填空。

```
#include <stdio.h>
void main()
{
    float c,f ;
    printf("请输入一个华氏温度：\n");
    scanf("___①___",&f);
    c=___②___;
    printf("摄氏温度为：%5.2f \n", ___③___ );
}
```

（2）下面程序的功能是，输入 3 个整数变量 a,b,c 的值，计算(a+b)*c 的结果输出。请填空。

```
#include <stdio.h>
void main()
{
    int a,b,c,resuit;
    printf("请输入 a,b,c 的值：\n");
    scanf("%d,%d,%d", ___①___ );
    ___②___ =(a+b)*c;
```

```
        printf("resuit=___③___\n",resuit);
}
```

4. 编程题

（1）编写程序，已知"student."为一符号常量的值，然后将"I am a student."显示在屏幕上。

（2）编写程序，对从键盘输入的两个不同整数，判断它们的大小，并将较大的数输出。

（3）化学实验室每年需要使用浓度为 15%的硫酸溶液 6.88 公斤，如果用 96%的浓硫酸加水稀释后使用，则每年需要多少公斤这种浓硫酸？

（4）设圆的半径 1.5，圆柱高 3，求圆球表面积、圆球体积、圆柱体积。用 scanf 输入数值，输出计算结果。输出是要求有文字说明，保留 2 位小数。

（5）编写程序，从键盘输入在银行的存款年利率和存款总额，计算一年的本息合计并输出。

第3章 逻辑运算与程序控制

本章导读

- 知识点介绍
- 顺序程序设计实习
- 分支程序设计实习
- 循环程序设计实习
- 思考练习与测试

3.1 知识点介绍

在人类的语言中，通常会有这样的句型："如果……，我就……"，"一直…直到…"。同样，在程序设计语言中，也需要类似的控制结构。在 C 语言中有三种基本程序控制结构：顺序结构、选择（分支）结构、循环结构。另外还有辅助控制转向语句：如 break、continue 和 goto 语句等。在掌握程序控制的基本语法的基础上，理解结构化程序设计中，"自上而下，逐步求精"的程序设计方法，养成良好的程序书写风格。

3.1.1 关系运算与逻辑运算

1. 关系运算

关系运算是逻辑运算的一种简单形式，主要用于比较运算。C 语言中的关系运算符有：<（小于）、<=（小于等于）、>（大于）、>=（大于等于）、==（等于）、!=（不等于）6 种。

这里需要注意的是，不要把关系运算符的等于 "==" 和赋值运算符的 "=" 搞混淆了。"=="仅用于比较操作，并没有赋值运算，而 "=" 就是赋值运算符，主要用于赋值操作。

由关系运算符将两个表达式连接起来的有意义的式子称为关系表达式。如，x<y、m+n<=18 等。

关系表达式的值是一个逻辑值，即"真"或"假"。在 C 语言中，用 1 来表示"真"，用 0 来表示"假"。如，当 x<y 为"真"时，此表达式的值为 1；当 x<y 为"假"时，此表达式的值为 0。

可以将关系表达式的运算结果 1 或 0 赋给一个整型变量或字符型变量。例如，

    int a, x=2, y=8;

    a=x<y;   // 将关系表达式的值 1 赋给变量 a

2. 逻辑运算

为了表示比较复杂的条件，需要将若干个关系表达式组合起来判断。C 语言提供的逻辑运算就是用于实现这一目的。

C 语言提供的逻辑运算符有：!（逻辑非）、&&（逻辑与）、||（逻辑或）3 种。运算规

则如下:

!　这是只有一个操作符的单目运算。当操作数为"真"时,运算结果为"假";当操作数为"假"时,运算结果为"真"。

&&　当两个操作数都为"真"时,运算结果就为"真",其他情况运算结果都为"假"。

||　只要有一个操作数为"真",运算结果就为"真",只有当两个操作数都为"假"时,运算结果才为"假"。

用逻辑运算符将两个关系表达式或逻辑量连接起来的有意义的式子称为逻辑表达式。

逻辑表达式的值是一个逻辑值,即"真"或"假"。C 语言编译系统在给出逻辑运算结果时,以数字 1 表示"真",以数字 0 表示"假",但在判断一个量是否为"真"时,以非 0 表示"真",以 0 表示"假"。

可以将逻辑表达式的运算结果 0 或 1 赋给整型变量或字符型变量。例如,

```
int k, a=1, b=2, c=5,d=5;
k=(a<=b)&&(c<=d);        // 将逻辑表达式的值 1 赋给变量 k
```

3.1.2　程序控制

与其他高级程序设计语言一样,在 C 语言中也有三种基本程序控制结构:顺序结构、选择(分支)结构、循环结构。另外还有辅助控制转向语句:如,break 语句和 continue 语句等。

1. 顺序结构

顺序结构是三种基本程序控制结构中最简单的一种,按照语句出现的先后顺序依次执行。

2. 选择结构

选择结构可以根据判断给定的条件是否成立,来选择执行不同的程序段落。通过选择结构可以控制程序的走向。在 C 语言中,实现选择结构的语句主要有 if 条件语句和 switch 语句。

(1) if 条件语句

if 条件语句分为单分支、双分支、多分支三种形式。

● 单分支语句

if 单分支语句的语法格式如下:

```
    if(表达式)
        {
            语句段;
        }
```

单分支语句的执行过程是:先计算表达式的值,若值为"真"(即表达式具有非 0 值),则执行语句段,然后执行单分支语句后面的语句。若表达式的值为"假"(即表达式的值为 0),就跳过该语句,直接执行单分支语句后面的语句。

● 双分支语句

if 双分支语句的语法格式如下:

```
    if(表达式)
        {
            语句段 1;
```

```
        }
    else
        {
            语句段 2;
        }
```

双分支语句的执行过程是：先计算表达式的值，若值为"真"（即表达式具有非 0 值），则执行语句段 1，然后执行双分支语句后面的语句。若表达式的值为"假"（即表达式的值为 0），则执行语句段 2，然后执行双分支语句后面的语句。

● 多分支语句

当判断条件有多种情况（多于两种）时，可以使用 if 多分支语句。

if 多分支语句的语法格式如下：

```
    if(表达式 1)
    {
        语句段 1;
    }
    else if(表达式 2)
        {
            语句段 2;
        }
        …
        else if(表达式 n)
        {
            语句段 n;
        }
        else
        {
            语句段 n + 1;
        }
```

if 多分支语句的执行过程是：首先计算表达式 1 的值，如果值为"真"（即表达式 1 具有非 0 值），则执行语句段 1，然后跳过其他语句段，直接执行后续语句；否则跳过语句段 1，接着依次判断其他表达式，如果某个表达式的值为"真"（即该表达式具有非 0 值），就执行其分支的语句段，之后转到后续语句执行；如果所有表达式的值都是"假"（即值都是 0），则执行最后一个分支 else 中的语句段 n+1。

多分支语句也可以没有最后一段 else 部分。此时，如果没有任何一个分支的表达式结果为真，则不执行任何一个语句段，直接跳过去执行后续语句。

对 if 条件语句，需要注意下面三点：

● if 后面的表达式一般为关系表达式或逻辑表达式，也可以使 C 语言中的任何一种其他表达式。例如，以下的几种形式都是合法的：

```
if(8)  …             // 常数 8（非 0）表示条件成立
if(y)  …             // y 值为非 0 时表示条件成立，否则条件不成立
```

```
if(r=n%m)  …            // 根据赋值表达式的值（即 r 的值）决定条件是否成立
if((c=getchar())!='\n')  …  // 输入的字符不等于回车换行时表示条件成立
```

● 在 if 和 else 后面可以只有一条语句，也可以有多条语句。若有多条语句时，就要用花括号将多条语句括起来构成一个复合语句。例如：

```
……
if(x>y)      //当 x>y 为真时，变量 x 与 y 的值互换，否则输出 "x<=y"
  {       // 复合语句
   t=x ;
   x=y ;
   y=x ;
  }
  else
  printf("x<=y\n");
……
```

● 当 if 语句嵌套使用时，要注意 if 与 else 的配对关系。else 总是与它上面最近的未配对的 if 配对。如果 if 与 else 的数目不一样，可以加花括号来确定配对关系。

（2）switch 语句

当判断条件有多种情况（多于两种）时，也可以使用多分支专用的 switch 语句。

switch 语句的语法格式如下：

```
switch (表达式)
  {
      case 常量表达式 1: 语句段 1;
      case 常量表达式 2: 语句段 2;
      …
      case 常量表达式 n: 语句段 n;
      default: 语句段 n + 1;
  }
```

其中，switch、case 和 default 是关键字，switch 后面圆括号中表达式的值为整型或字符型。花括号内的部分是 switch 的语句体，case 后面必须是整型、字符型的常量或常量表达式。冒号后面是当表达式的值与某个常量相等时，需执行的语句段。如果所有的常量都不与表达式的值相等，就执行 default 后面的语句段。

对 switch 语句，要注意下面几点：

● switch 后面的表达式在 ANSI 标准中允许为任何类型，但通常为整型或字符型，如果是实型数据，系统会自动将其转换成整型或字符型。case 后面的常量表达式，则为整数或字符常量。

● 各个 case 和 default 的出现顺序可以是任意的，但各个常量表达式的值必须互不相同。

● 执行完一个 case 后面的语句段后，流程控制转移到下一个 case 继续执行。因此，为了使多分支结构程序得以实现，通常在语句段的最后添加 break 语句。

● 多个 case 可以共用一个语句段。例如：

```
……
{
    case 'A':
    case 'B':
    case 'C': printf(">64\n"); break;
……
}
```

在此程序段中，三个 case 共用 "printf(">64\n"); break; " 语句段。

3. 循环结构

循环结构是指按照一定的条件，控制重复执行某个程序段的一种结构。C 语言中用来实现循环控制结构的语句有 3 种：for 语句、while 语句、do-while 语句。

（1）for 语句

for 语句的语法格式如下：

```
for (表达式 1; 表达式 2; 表达式 3)
{
    循环体
}
```

for 语句中，花括号内的内嵌语句为循环体，可以是一条或多条语句构成。for 后面圆括号中通常含有 3 个表达式，用 ";" 隔开，可以是任意形式合法的表达式。注意圆括号后面没有 ";"。

for 循环的执行过程是：首先计算表达式 1 的值，再判断表达式 2，如果其值为 "真"（即表达式 2 的值非 0），则执行循环体，并计算表达式 3；接着再去判断表达式 2，一直到其值为 "假"（即值为 0）时结束循环，执行后续语句。

for 循环不仅可以用于循环次数已经确定的情况，也可以用于循环次数不确定的情况；for 后圆括号内的三个表达式可以是 C 语言的任何一种表达式，也可以都缺省，但三个部分的分号不能省。

对 for 循环，如果表达式 2 的初始值就为 "假"，则循环体一次也不被执行。

（2）while 语句

while 循环是一种典型的 "当型" 循环结构，根据判断条件决定是否执行循环体。

while 语句的语法格式如下：

```
while (表达式)
{
    循环体
}
```

While 后圆括号中的表达式用来控制循环体是否执行，一般是关系表达式或逻辑表达式，也可以是返回值为 0 或非 0 的其他合法表达式。花括号内的内嵌语句为循环体。圆括号后面也是没有 ";"，否则会发生空循环。

While 语句的执行过程是：首先计算表达式的值，当其值为 "真"（即表达式值非 0 ）时，重复执行循环体，每执行一次，就判断一次表达式的值，直到其值为 "假"（即表达式值为 0）时，结束循环，执行后续语句。

对 while 循环，如果表达式的初始值就为"假"，则循环体一次都不被执行。

（3）do-while 语句

do-while 语句是一种"直到型"循环结构。该语句执行时，先进入循环执行循环体，再进行条件判断。根据循环条件是否成立，决定是否继续执行循环体。

do-while 语句的语法格式为：

```
do
{
    循环体
} while (表达式);
```

do 后面的内嵌语句是循环体，while 后面圆括号内的表达式用于进行条件判断，决定循环体是否继续执行。圆括号后面有"；"，表示语句结束，这与 for 循环、while 循环语句不同。

do-while 语句的执行过程是：首先执行循环体，然后计算 while 圆括号中表达式的值，当其值为"真"（即值非 0）时，再重复执行循环体，并判断条件，直到表达式的值为"假"（即值为 0）时，结束循环，执行 do-while 语句的后续语句。

do-while 语句的循环体，至少被执行一次。

（4）无穷循环

在使用循环结构时，如果忘记了更新循环控制变量，就会出现循环条件始终为真的情况，这时就会出现无穷循环（无限次的循环）。除非特殊需要，一般情况下，要尽量避免出现这种情况。

在图 3-1 中，所示的两种循环结构都表示无穷循环，这两种循环结构在功能上是等价的。

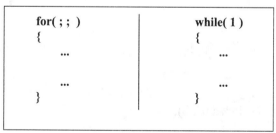

图 3-1 两种无穷循环

4. 辅助控制语句

C 语言中，经常使用的辅助控制语句有 break 和 continue 两种。

break 语句用在 switch 语句中，用于跳出 switch 语句体。同样，在循环结构中，也可用 break 语句终止本层循环体，提前结束本层循环。

continue 语句的作用是跳过当前循环体后面的语句，即结束本次循环，进行下一次循环。

这两种辅助控制语句使用示意，如图 3-2 所示。

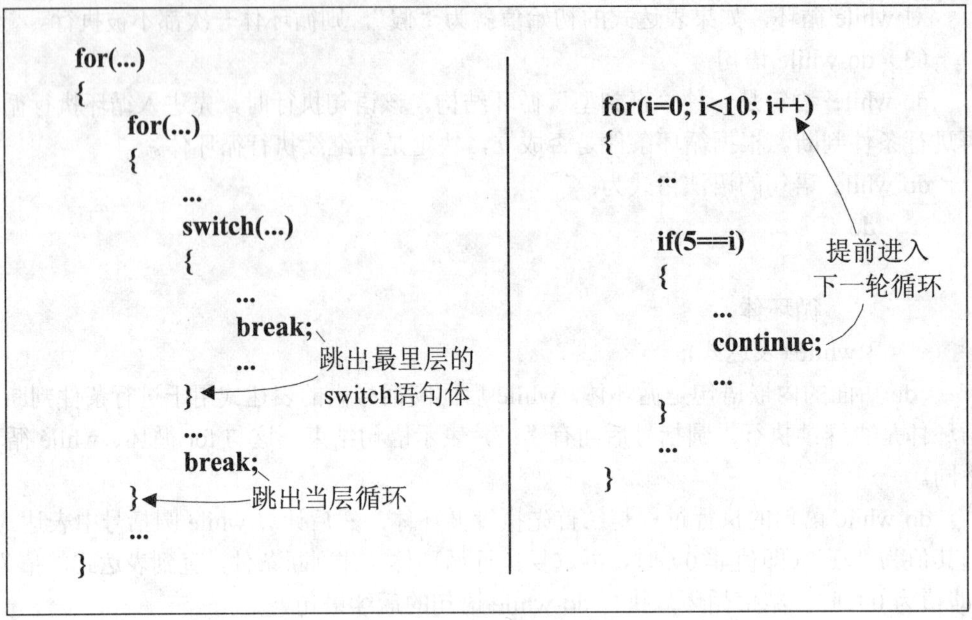

```
for(...)                                for(i=0; i<10; i++)
{                                       {
    for(...)                                ...
    {
        ...                                 if(5==i)
        switch(...)                         {
        {                                       ...
            ...                                 continue;
            break;        跳出最里层的             ...
            ...           switch语句体         }
        }                                       ...
        ...                                 }
        break;
    }              跳出当层循环
    ...
}
```

提前进入
下一轮循环

图 3-2   break 和 continue 使用示意图

（1） break 语句

break 语句经常用于终止循环语句的运行。

例如：

… …

```
for(i=1; i<=8; i++)
{
    if(i%4==0)
    break ;              // 终止循环
    printf("i=%d\n", i );
}
printf("退出 for 循环时：i=%d\n", i );
```

… …

以上程序段是已知 8 次的 for 循环，但实际只循环了 4 次。因为 i=4 时，if 条件满足，执行 break 语句终止了循环。在循环体中用 break 语句，一般应该与 if 语句配合使用。

（2） continue 语句

continue 语句只用在循环语句中。在循环体中，当程序流程执行到 continue 时，就结束本次循环，不再运行循环体中 continue 语句后面的其他语句，强行进行下一次循环，但并不退出循环。

例如：

… …

```
for(sum=0, i=1; i<=8; i++)
{
    if(i%4==0)
```

```
    continue;              // 仅结束本次循环，转向 for 进行下一次循环
    sum=sum+i;
}
printf("退出 for 循环时：i=%d, sum=%d\n", i, sum);
… …
```

在此程序段运行时,当变量 i 的值循环到 4 和 8 时,表达式"i%4==0"为真,执行 contiune 语句结束本次循环,使循环变量 i 的值增 1 并将程序流程转向 for 继续进行下一次循环。在这种情况下,语句"sum=sum+i;"不被执行。当循环变量 i 的值不等于 4 或 8 时,表达式"i%4==0"为假,系统直接执行语句"sum=sum+i;"后使循环变量 i 的值增 1 并将程序流程转向 for 继续进行下一次循环。

以上程序段运行时的输出结果如下:

退出 for 循环时：i=9, sum=24。

3.2 实习一 顺序结构程序设计

3.2.1 实习目的

1. 理解顺序结构程序的执行过程。
2. 掌握各种类型数据的输入与输出。
3. 掌握库函数的引用。
4. 提高程序阅读能力。

3.2.2 实习内容

1. 下面程序的功能是某公司支援灾区的食品用 25 辆汽车装运，每辆汽车装 9.25 吨，这批食品共有多少市斤？请填空。

```
#include <stdio.h>
void main()
{
    int n=25;
    float w, w1=9.25;
    w= _____ ;
    printf("w=%.0f\n", w);
}
```

提示与分析：

① 用一个整型变量标识汽车总数,用两个实型变量分别标识每辆汽车载重吨数和这批食品总斤数。

② 1 吨=2000 斤, 故这批食品总斤数=每辆汽车载重吨数×汽车总数×2000。

2. 下面程序的功能是从键盘输入 1 个小写字母，将其转换为大写字母并输出。请找出程序中的错误并改正。

```
#include <stdio.h>
void main()
```

```
{   char ch;
    printf("请输入 1 个小写字母：");
    scanf("%c", ch);
    printf("%c\n", ch);
}
```

提示与分析：

① 用一个字符型变量标识输入的小写字母。

② 在 ASCII 码表中，大写字母的顺序号比其相应的小写字母的顺序号小 32 。

3. 下面程序的功能是由键盘输入 x 的值（x≥0）。计算 $\sqrt{x}$ 和 x^3。请填空。

```
# include <stdio.h>
# include _____
void main()
{   float x;
    scanf("%f", _____ );
    printf("%f, %f\n", _____ , _____ );
}
```

提示与分析：

① 用一个实型变量标识从键盘输入的数值，分别将此数开平方和乘方运算，可以引用库函数 sqrt() 和 pow()。

② 使用数学库函数时，需要在程序的开始部分使用相应的宏命令。

4. 首先写出下面程序的运行结果，然后上机验证。

①
```
#include <stdio.h>
void main()
{
    int x, y;
    x=3;
    y=x-- ;
    printf("%d\n", ++y*2 );
    printf("%d\n", x );
}
```

②
```
#include <stdio.h>
void main()
{
    int i=33;
    printf("%#o,%#x\n", i, i );
}
```

③
```
#include <stdio.h>
void main()
{
    char c1, c2;
```

```
        scanf("%c,%c", &c1,&c2);   // 运行程序时输入 x,y
        printf("%c,%d\n", c2-c1+'a', c2-c1+'a');
    }
  ④ #include <stdio.h>
    void main()
    {
        int a=4, b=3, c=2,d;
        d=a*c-c/b-b%a;
        printf("%d\n", d);
    }
```

5. 小王花 m 元钱买了 b 本书，编写程序计算每本书的平均钱数（取 2 位小数）。

提示与分析：

① 用实型变量标识的平均书款钱数为 m÷b。

② 程序运行时，从键盘随机的给 m 和 b 赋值(如，m 值为 137，b 值为 5)。

③ 输出的数值保留 2 位小数时，要使用格式字符串%.2f。

6. 修筑河堤，要计算完成的土方量，就需要计算河堤横截面的面积。假设河堤的横截面，如图 3-3 所示的梯形。请编写程序。

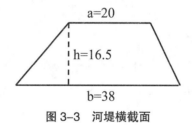

图 3-3　河堤横截面

提示与分析：

① 假设用实型变量 a、b、h、area 分别标识梯形截面的上底、下底、高和面积。

② 梯形面积的计算公式为：area=(a+b)×h÷2。

7. 输入一个华氏温度 F，根据下面公式计算其对应的摄氏温度 C（取 1 位小数）。C=5×(F-32)÷9。

3.3　实习二 分支结构程序设计(一)

3.3.1　实习目的

1. 掌握用关系表达式和逻辑表达式表示问题的条件。

2. 掌握单分支选择结构程序设计。

3. 掌握双分支选择结构程序设计。

4. 理解 if 语句的嵌套，了解如何提高程序执行的效率。

3.3.2　实习内容

1. 下面程序的功能是从键盘输入一个字符，若该字符是英文字母时，则输出相应的

ASCII 码。请填空。

```
#include <stdio.h>
void main()
{
    char c;
    printf("请输入一个字符：\n" );
    c= _____ ;
    if ( _____ )
        printf("输入字母%c 的 ASCII 码为：%d\n",c,c);
    else
        printf("输入的%c 不是英文字母\n",c);
}
```

提示与分析：

① 输入字符可以使用函数 getchar()。

② 若输入的字符介于 A 与 Z 之间或介于 a 与 z 之间时，就输出相应的 ASCII 码，否则输出不是英文字母的信息。

2. 下面程序的功能是判断从键盘输入的年份是否为闰年。请填空。

```
# include <stdio.h>
void main()
{
    int y;
    printf("输入年份值 y:");
        scanf("%d", &y);
    if( _____ )
        printf("Yes\n");
    else
        printf("No\n");
}
```

提示与分析：

符合下列两个条件之一的年份是闰年：

- 年份能被 4 整除，但不能被 100 整除的年份是闰年。
- 年份能被 100 整除，又能被 400 整除的年份是闰年。

3. 下面程序的功能是输入自变量 x 的值，计算并输出函数 f(x)的值。f(x)定义为：

$$f(x) = \begin{cases} x^2 & (0 \leqslant x \leqslant 2) \\ x & (x < 0) \end{cases}$$

请填空。

```
# include <stdio.h>
void main()
{
```

```
        float x;
        printf("输入变量 x 的值：\n");
          scanf( _____ , &x);
        if( _____ )
            printf("函数值为 x² ：%.2f\n", x*x);        //小数点后保留两位
        else
            if( _____ )
              printf("函数值为 x : %.2f\n", x);
            else
              printf("输入的数%.2f 不在 x 取值范围内:\n",x);
     }
```

提示与分析：

① 用实型变量 x 标识输入的数，因为，此函数为分段函数，故要使用嵌套的 if 语句。

② 当输入的数不超过 2 时，输出相应的函数值，否则显示"输入的数不在 x 取值范围内"。

4. 下面程序的功能是输出 3 个数中最大的一个。请填空，并调试运行该程序。

```
# include <stdio.h>
void main()
{
    int a,b,c,max;
    printf("input a,b,c:\n");
    scanf("%d,%d,%d",_____ );
    max=a;
    if(b>max)
        max=b;
    if( _____ )
        max=c;
    printf("max=%d\n",max);
}
```

注意：从 3 个数中输出最大一个的方法有几种，例如，用 if-else 语句也可以实现。

5. 编写程序，对输入的 1 个整数，判断其是否为偶数。

提示与分析：

用一个整型变量表示输入的数，若该数能被 2 整除，则输入的是偶数，否则输入的是奇数。

6. 由医学统计知道，小孩成年后的身高与父母的身高和自身是否喜欢体育锻炼及自身饮食习惯好坏有关。具体的结论如下：

（1）男孩成年身高=（父亲身高+母亲身高）×0.54cm

　　　女孩成年身高=（父亲身高×0.923+母亲身高）÷2cm

（2）爱好体育锻炼的成年小孩，身高增加 2%

（3）具有良好饮食习惯的成年小孩，身高增加 1.5%

请编写程序，要求从键盘输入成年小孩的性别、父母的身高、小孩是否喜欢体育锻炼及饮食习惯好坏后，输出该小孩成年后的医学统计身高。

提示与分析：

用实型变量 faheight，moheight，yoheight 分别标识小孩父、母的身高及小孩成年后的身高；用字符变量 sex，sport，diet 分别标识小孩的性别、体育锻炼及饮食习惯，并约定 'y' 标识性别男、爱好体育锻炼、有良好的饮食习惯，'n' 标识性别女、不爱体育锻炼、没有良好的饮食习惯。

3.4 实习三 分支结构程序设计(二)

3.4.1 实习目的

1. 掌握 switch 语句结构的程序设计。

2. 理解控制程序的走向。

3. 掌握选择语句的嵌套结构。

4. 能够根据实际问题，熟练的编写解决实际问题的程序。

3.4.2 实习内容

1. 阅读下面程序并写出运行结果，然后上机验证。

```c
#include <stdio.h>
void main()
{
    int a=1, b;
    switch(a)
    {
        case 1:
        case 2: b=6*a; break;
        case 3: b=3*a; break;
        default: b=2*a;
    }
printf("%d\n", b);
}
```

提示与分析：

① 因为 switch 语句的表达式为变量 a，其值为 1，故先执行与"case 1"对应的语句再执行与"case 2"对应的语句。

② 程序中 switch 语句的前两个 case 共用一个语句段"b=6*a; break;"。当执行到此语句段时，变量 b 的值为 6，"break;"使程序流程跳出 switch 语句，转去执行输出语句"printf("%d\n", b);"。

2. 下面程序是将输入的百分制分数(整数)转换为不同等级并输出：90～100 分为 A；80～89 分为 B；70～79 分为 C；60～69 分为 D；0～59 分为 E。程序中有几处错误，请修改并运行该程序。

```c
# include <stdio.h>
void main()
{
    int s,g;              //s 存放百分制成绩，g 存放等级
    printf("请输入课程考试成绩 s:");
    scanf("%d",&s);
    g=s/10;
    switch(g)
    {
        case 10:
        case 9:printf("考试等级为 A\n");
        case 8:printf("考试等级为 B\n");
        case 7:printf("考试等级为 C\n");
        case 6:printf("考试等级为 D\n");
        default: printf("考试等级为 E\n");
    }
}
```

提示与分析：

① 依据题目中考试等级的约定，对一个考试成绩，只能输出一个考试等级。

② 当 switch 语句中的表达式值为 9、8、7、6 时，考虑与此对应的 case 语句段尾部，应添加什么语句才能使程序流程跳出 switch。

3. 使用 switch 语句，编写简单计算器程序，使它能够进行四则运算，输入两个操作数和一个运算符，根据运算符进行相应的运算并输出计算结果。例如：

输入：12/4

输出：12/4=3

提示与分析：

① 假设用实型变量 x 和 y 分别标识两个操作数，用字符变量 ch 标识运算符。输入格式字符串为："%f%c%f"。

② 在 switch(ch)语句中，假设 ch 的值为"+"时，case 对应的的输出语句中的格式字符串为："%.2f + %.2f=%.2f\n"；假设 ch 的值为"-"时，输出格式字符串为："%.2f-%.2f=%.2f\n"；假设 ch 的值为"*"时，输出格式字符串为："%.2f * %.2f=%.2f\n"；假设 ch 的值为"/"时，输出格式字符串为："%.2f / %.2f=%.2f\n"。

③ 对输入的一个 ch 的值，只有一个结果输出，故 switch 语句中的每一个 case 对应的语句段尾部都应该添加一个中断语句"break;"。

4. 编写程序，求一元二次方程 $ax^2+bx+c=0$ 的根。

提示与分析：

① 假设用实型变量 a、b、c、x1、x2 分别标识一元二次方程的三个系数和两个根。

② 依据 $ax^2+bx+c=0$ 的求根公式，需要考虑以下 4 种情况：

- 当 a=0 时，方程不是二次方程。

- 当判别式 $b^2-4ac=0$ 时，方程有 2 个相等的实根。

- 当判别式 $b^2-4ac>0$ 时，方程有 2 个不相等的实根。
- 当判别式 $b^2-4ac<0$ 时，方程有 2 个共轭复根。

5. 编写程序，计算个人所得税。根据规定，每月收入减去 3000 后的部分，为应纳税所得额。所得税的税率表如下：

级数	应纳税所得额	税率(%)
1	<1500 元的部分	5
2	>1500 且<=4500 元的部分	10
3	>4500 且<=9000 元的部分	20
4	>9000 且<=35000 元的部分	25
5	>35000 且<=55000 元的部分	30
6	>55000 且<=80000 元的部分	35
7	>80000 元的部分	45

提示与分析：

分级计算税率正好可用一个分段函数来描述，请写出这个函数，并将其转换成程序。

3.5 实习四 循环结构程序设计(一)

3.5.1 实习目的
1. 掌握 for 循环语句的使用方法。
2. 掌握 while 循环语句的使用方法。
3. 能够根据实际问题，熟练的编写解决实际问题的程序。

3.5.2 实习内容
1. 下面程序的功能是求 100 以内能被 7 整除的所有整数。请填空并调试运行该程序。
```
#include <stdio.h>
void main()
{
    int n;
    for(n=7; n<=100; n++ )
        if(_____)
            printf("%-3d",n);
    printf("\n");
}
```

提示与分析：

① 程序中用整型变量 n 标识循环变量，其初始值为 7 终值为 100。
② 使用取余数的运算符 "%"。

2. 下面程序的功能是计算 sum=1-1/2+1/3-1/4+…+1/99-1/100。请填空并上机调试。
```
#include <stdio.h>
void main()
{
```

```
    int i;
    float sum=0.0, f=1.0;    // f 表示符号
    for( i=1; i<=100; i++)
      {
          sum=_____;
          f=_____;
      }
    printf("s=%.3f\n", sum);
}
```

提示与分析：

① 这是一个累加问题，其规律是各项的符号正负相间，每加一项，符号改变一次。

② 程序中用整型变量 i 标识循环变量，其初始值为 1，终值为 100。用实型变量 sum，表示累加和，其初始值为 0.0。用实型变量 f 标识符号变量，其初始值为 1.0。

3. 我国古代科学家祖冲之提出的密率 355/113 与圆周率 π 非常接近。下面程序是计算 355/113 的值，π 的值需要的小数位数由键盘输入。请填空并上机调试。

```
#include <stdio.h>
void main()
{
    int a=355, b=113, c, r, n, i;
    printf(" π 要几位数小数？ ");
    scanf("%d", &n);
    c=_____;
    printf("%d.", c);        // 输出整数部分
    r= _____;
    for(i=1; i<=n; i++)      // 计算并输出小数部分
    {   r=_____;
        c=r/b;
        printf("%d",c);
        r=r%b;
    }
    printf("\n");
}
```

提示与分析：

① 程序首先求出 355 被 113 除的整数部分，然后将余数乘以 10 作为下一步的被除数。重复作除法，直到达到指定的精度为止。

② 整型变量 a 与 b 的初始值分别为 355 与 113，变量 c 标识两数相除的整数部分，变量 r 标识两数相除的余数，变量 n 标识 π 值的小数位数，n 值需要从键盘输入。

③ 利用循环输出 π 值的 n 位小数。循环变量的初始值为 1，终值为 n。

4. 请编写百货商场收银台简单结账程序。要求：输入顾客购买的若干种货物的单价、数量及实收金额，计算并打印实收金额、应付货款找零金额清单。

提示与分析：

① 定义 4 个实型变量分别标识单价、数量、实收金额、找零金额，再定义实型变量 sum 标识应付货款，其初始值为 0。

② 用永真循环计算应付货款，其值为单价与数量之积。当输入的数量、单价值均为 0 值时中断循环并将程序流程转到输入实收金额。

③ 找零金额等于实收金额与应付款之差。

5. 利用 for 语句编写程序，计算 s=2+4+6+⋯+m。

提示与分析：

① 用循环语句计算正整数 m 以内的偶和 s。

② 假设用整型变量 n 标识循环变量，其初始值为 2。用整型变量 s 标识整数 m 以内的偶数和，其初始值为 0。

③ 在循环体中，考虑能被 2 整除的数相加就可以了。

6. 利用 while 语句编程计算 sum=1-1/2+1/3-1/4+⋯+1/99-1/100。

提示与分析：

① 假设程序中，用整型变量 n 标识循环变量，用实型变量 f 和 sum 分别标识符号及代数和，其初始值分别为 1.0 和 0.0。

② 这个累加问题，其规律是各项的符号正负相间，每加一项，符号改变一次，用 f 的值来控制。

3.6　实习五　循环结构程序设计(二)

3.6.1　实习目的

1. 掌握 do-while 循环语句的使用方法。

2. 掌握多重循环的使用。

3. 能够根据实际问题，熟练的编写解决实际问题的程序。

3.6.2　实习内容

1. 写出下面程序的运行结果，然后上机验证。

```c
# include <stdio.h>
void main()
{
    int n=0;
    char ch='*';
    do
    {
        n+=5;
        printf("%c", ch );
    }while(n<19);
    printf("\n");
}
```

提示与分析：

do-while 循环的循环体至少被执行 1 次，当 while(条件表达式)中的条件表达式为"假"时停止循环。

2. 下面程序的功能是利用 do-while 语句编写程序，找出 100～200 之间能被 3 整除的所有整数，并以 10 个一行的格式输出，请填空。

```c
#include <stdio.h>
void main()
{
    int i=100, k=0;        // k 为计数器
    do
    {
        if( _____ )
        {
            k++;
            if(k%10==0)
                printf("%5d\n", i);   // 输出数据后换行
            else
                printf("%5d", i);       // 输出数据后不换行
        }
        i++;
    } while( _____ );
    printf("\n");
}
```

提示与分析：

① 程序中用整型变量 i 标识循环变量，其初始值为 100，终值为 200。

② 一个数被 3 除的余数为 0 时，说明该数能被 3 整除。

③ 用整型变量 k 标识一行有多少个数字的计数器，其初始值为 0。在循环体中使用分支语句，当 "k%10" 的值为 0 时，输出数据后换行，否则输出数据后不换行。

3. 下面程序的功能是能够打印如下三角形的程序：

```
    *******
     *****
      ***
       *
```

请填空。

```c
#include <stdio.h>
void main()
{
    int n, k, x ;
    for(n=1; n<5; n++)
```

```
    {
        for(k=0; k<=n-1; k++)
        printf(" ");
        for( x=1; x<=_____  ; x++ )
        printf("*");
        printf("\n" );
    }
}
```

提示与分析：

① 假设用整型变量 n 标识行号，其初始值为 1，终值为 4。

② 用整型变量 k 标识每行初始星号左侧的空格数，其初始值为 0，终值为 n-1。

③ 用整型变量 x 标识第 n 行的星号个数。

4. 编写能够打印如下三角形的程序：

```
        A
       BBB
      CCCCC
     DDDDDD
```

提示与分析：

① 假设用整型变量 n 标识行号，其初始值为 1，终值为 4。

② 假设用字符型变量 c 标识每行的字母，其初始值为'A'。当行号增 1 时 c 的值增 1。这样就使 c 存储的字母变成与当前字母相邻的下一个字母。

③ 用一个整型变量标识每行第一个字母左侧的空格数，其初始值为 0。设第 1 行的字母"A"位于第 10 列，则每行首字母前面的空格数是 10-n。

④ 用一个整型变量标识第 n 行的字母个数。

5. 利用 do-while 循环语句编写程序，找出 50～150 之间被 4 除余 1 的所有整数，并以 8 个一行的格式输出。

提示与分析：

① 用整型变量标识循环变量，其初始值 50，终值为 150，若该变量值被 4 除余 1，则输出。

② 用整型变量 k 标识一行有多少个数字的计数器，其初始值为 0，当 k%8==0 时，输出数据后换行，否则输出数据后不换行。

3.7　思考与练习

一、思考题

1. 如何将 1 个小写字母，转换为大写字母。

2. 已知下面的 3 个程序段。

```
    int a=0,x=7;              int a=0,x=7;              int a=0,x=7;
```

```
if(a==0) a=x;              if(a=0) a=x;              if(a=x) a=x;
printf("%d , %d",a , x);   printf("%d , %d",a , x);  printf("%d , %d",a , x);
```

分析这 3 个程序段，并简单回答问题：

① 3 个程序段的输出结果是什么？

② if(a==0)与 if(a=0)的区别是什么？

3. 分析下面的程序段，当 x 的值分别是 5，0，−5 时，变量 y 的值分别是什么？

```
y=7;
if(!x) y=0;
else
    if(x>0)y=1;
    else
        y=-1;
```

4. 分析下面的程序，当对 x 分别输入 5、2、4 时，程序的输出结果是什么？

```
#include<stdio.h>
void main()
{
    int x;
    scanf("%d", &x);
    switch(x%5)
    {
        case 0: printf("%2d",x++);
        case 1: printf("%2d",++x); break;
        case 2: printf("%2d",--x);
        case 3: printf("%2d",x--);
        default: printf("%2d",x);
    }
}
```

5. 下列循环体共执行了多少次？

```
a=50;
while(a=0) a=a-1;
```

6. 说明下列程序段的功能是什么？

```
int n, m ;
do
{
    printf("input n,m：");
    scanf("%d, %d", &n,&m);
}while(n<0||m<0);
```

7. 下列程序段中，判断 i>j 共执行了多少次？

```
int i=0, j=10, k=2, s=0;
for( ; ; ;)
```

```
    {
        i+=k;
        if ( i>j )
        {
            printf("%d\n", s);
            break;
        }
        s=s+i;
    }
```

8. 有以下程序，如果用户从键盘输入的值为：0.3，请分析一下，程序的运行结果是什么？上机检验一下，你的判断是否正确，并解释其原因。

```
#include <stdio.h>
int main()
{
    float f;
    scanf("%f", &f);

    if(0.3 == f)
        printf("Equal!");
    else
        printf("Not equal!");

    return 0;
}
```

二、练习题

1. 选择题

（1）两次运行下面的程序，如果从键盘上分别输入 6 和 4，则输出结果是____。

```
#include "stdio.h"
void main( )
{
    int x;
    scanf("%d", &x);
    if(x++ > 5)
        printf("%d", x);
    else
        printf("%d\n", x--);
}
```

　　A. 7 和 5　　　　　　　　　　　　　　B. 6 和 3
　　C. 7 和 4　　　　　　　　　　　　　　D. 6 和 4

（2）有如下程序：

```
#include "stdio.h"
void main( )
{
    float x = 2.0, y;
    if(x < 0.0)
        y = 0.0;
    else if(x < 10.0)
        y = 1.0 / x;
    else
        y = 1.0;
    printf("%f\n", y);
}
```

该程序的输出结果是____。

　　A.　0.000000　　　　　　　　　B.　0.250000

　　C.　0.500000　　　　　　　　　D. 1.000000

（3）若有以下定义：

```
float x; int a, b;
```

则正确的 switch 语句是____。

```
A. switch(x)
{
    case 1.0: printf("*\n");
    case 2.0: printf("**\n");
}
B. switch(x)
{
    case 1, 2: printf("*\n");
    case 3: printf("**\n");
}
C. switch(a+b)
{
    case 1: printf("\n");
    case 1+2: printf("**\n");
}
D. switch(a+b);
{
    case 1: printf("*\n");
    case 2: printf("**\n");
}
```

（4）有如下程序：

```
#include "stdio.h"
void main( )
{
    int x = 1, a = 0, b = 0;
    switch(x)
    {
        case 0: b++;
        case 1: a++; break;
        case 2: a++; b++;
    }
    printf("a=%d, b=%d\n", a, b);
}
```

该程序的输出结果是____。

A. a=2, b=1　　　　　　　　　　B. a=1, b=1

C. a=1, b=0　　　　　　　　　　D. a=2, b=2

（5）变量 t 为 int 类型，进入下面的循环之前，t 的值为 0，

```
while(t = 1)
{…}
```

则以下的描述中正确的是____。

A. 循环控制表达式的值为 0　　　B. 循环控制表达式的值为 1

C. 循环控制表达式不合法　　　　D. 以上说法都不对

（6）以下叙述正确的是____。

A. do-while 语句构成的循环不能用其他语句构成的循环来代替。

B. do-while 语句构成的循环只能用 break 语句退出。

C. do-while 语句构成的循环，在 while 后的表达式为非零时结束循环。

D. do-while 语句构成的循环，在 while 后的表达式为零时结束循环。

（7）执行以下程序段的输出结果是____。

```
int x = 3;
do
{
    printf("%d",x-= 2);
} while(!(--x));
```

A. 1　　　　　　　　　　　　　B. 3 0

C. 1-2　　　　　　　　　　　　D. 死循环

（8）以下程序执行后 sum 的值是____。

```
#include "stdio.h"
void main( )
{
    int i, sum=0;
```

```
        for(i = 1; i < 6; i++)
            sum += i;
        printf("%d\n", sum);
    }
```

A.15　　　　　　　　　　　　　B. 14

C. 不确定　　　　　　　　　　　D. 0

（9）语句 while(!E);中的条件"!E"等价于____。

A. E==0　　　　　　　　　　　　B. E != 1

C. E != 0　　　　　　　　　　　　D. E||0

（10）以下程序的输出结果是____。

```
#include "stdio.h"
void main( )
{
int i;
for(i = 'A'; i < 'I'; i++, i++)
    printf("%c", i + 32);
printf("\n");
}
```

A. 编译不通过，无输出　　　　　B. aceg

C. acegi　　　　　　　　　　　　D. abcdefghi

2. 填空题

（1）当变量 x 和 y 的值不相同时，交换 x 和 y 的值，并输出交换后的结果。

```
#include "stdio.h"
void main( )
{
    int x = 10, y = 20, t = 0;
    if(x != y)
    {
        ___①___;
        ___②___;
        ___③___;
    }
    printf("%d, %d\n", x, y);
}
```

（2）当变量 x 属于（10，50）区间时，执行 while 循环，在循环体中，当遇到 x 能被 3 整除时，退出循环，否则继续下一次循环。

```
#include "stdio.h"
void main( )
{
    int x = 15;
```

```
        while(x > 10 && x < 50)
        {
            x++;
            if(x / 3)
            {
                x++;
                ____①____ ;
            }
            else
            {
                ____②____ ;
            }
        }
        printf("%d\n", x);
    }
```

（3）变量 i 为 for 循环的计数器，变量 s 存储变量 i 从 1 到 4 的累加和。

```
    #include "stdio.h"
    void main( )
    {
        int s, i;
        for(s = 0, i = 1;  ____①____  ;  ____②____ , i++ )
            printf("%d\n", s);
    }
```

（4）使用 do-while 循环实现输出自然数 1 到 10 的累加和。

```
    #include "stdio.h"
    void main( )
    {
        int i = 10, j=0;
        do
        {
            j = j + i;
            ____①____ ;
        }____②____ ;
        printf("%d\n", j);
    }
```

3. 程序改错题

（1）修改下列程序，要求输入一个数字，表示星期几，输出对应的英文单词，且不输出其它无关内容。如：输入 1，则输出 "Monday"。

```
    #include "stdio.h"
    void main( )
```

```
    {
        int x;
        scanf("%d", &x);
        switch(x)
        {
            case 1: printf("Monday");
            case 2: printf("Tuesday");
            case 3: printf("Wednesday");
            case 4: printf("Thursday");
            case 5: printf("Friday");
            case 6: printf("Saturday");
            case 7: printf("Sunday");
        }
    }
```

（2）修改下列程序，输出 1 至 5 数字。

```
#include "stdio.h"
void main( )
{
    int i;
    for(i = 1; i < 5; i++)
        printf("%d\t", i);
}
```

（3）修改下列程序，增加一条语句，使程序不会发生死循环。

```
#include "stdio.h"
void main( )
{
    int x = 1, y;
    while(x < 3)
    {
        y = x + 1;
        printf("%d\t", y);
    }
}
```

4. 编程题

（1）输入一个整数，输出该整数对应的八进制和十六进制数。

（2）解"鸡兔同笼"问题：在一个笼子里养着鸡和兔，但不知道鸡有多少只，兔有多少只，只知道鸡和兔的总数是 total 个，鸡与兔的脚数是 feet 只，求鸡、兔各多少只。

（3）输入一个 3 位正整数，分离出该数中的每一位数字，并按逆序显示输出各位数字。

（4）编写程序，输出各位数之和为 9，且能被 5 整除的五位数的个数。

（5）输入一行字符，分别统计其中的英文字母、数字、空格和其他字符的个数。

（6）编写程序，计算最大的 n 值：$1^3 + 2^3 + 3^3 + ... + n^3 < 1000$。

三、测试题

1. 选择题

（1）在 C 语言中，求逻辑值时，用（　）表示"真"，用（　）表示"假"。

    A. 1　0　　　　　　　　　　　　　B. 0　1

    C. 非 0　0　　　　　　　　　　　　D. 1　非 1

（2）执行语句。

for(i=1; i++<4;);

后，变量 i 的值为（　）

    A. 3　　　　　　　　　　　　　　　B. 4

    C. 5　　　　　　　　　　　　　　　D. 不定

（3）自增自减运算（++，--）只能作用于（　）。

    A. 常量　　　　　　　　　　　　　　B. 变量

    C. 任意合法表达式　　　　　　　　　D. 函数

（4）已知 E 为合法的表达式，与语句 if(!E)中的条件式!E，功能等价的是（　）。

    A. E==0　　　　　　　　　　　　　B. E==1

    C. E!=0　　　　　　　　　　　　　D. E!=2

（5）以下表达式用作 if 语句中的条件判断时，选出与其他三个含义不同的选项（　）。

    A. k%2　　　　　　　　　　　　　　B. k%2==1

    C. k%2!=0　　　　　　　　　　　　D. !k%2==1

（6）程序片段：

    int a=1, b=2, c=3, d=4, m=2, n=2;

    if((m=a>b)&&(n=c>d));

执行后，n 的值为（　）。

    A. 0　　　　　　　　　　　　　　　B. 1

    C. 2　　　　　　　　　　　　　　　D. 非 0

（7）if 语句中，用作判断的表达式为（　）。

    A. 关系表达式　B. 算法表达式　　　C. 逻辑表达式　　　D. 任意合法表达式

（8）变量 x,y 为整型，以下表达式不能正确表示数学关系|x-y|<10 的是（　）。

    A. abs(x-y)<10　　　　　　　　　　B. x-y>-10 && x-y<10

    C. (x-y)*(x-y)<100　　　　　　　　D. !(y-x)>10 || x-y<-10

（9）对 for(表达式 1; ; 表达式 3)可理解为（　）。

    A. for（表达式 1;　0;　表达式 3）

    B. for（表达式 1;　1;　表达式 3）

    C. for（表达式 1;　表达式 3;　表达式 3）

    D. for（表达式 1;　表达式 1;　表达式 3）

（10）有以下程序片段

    int a=1, b=3;

    if(a<b);

    a++;

```
        else
            b++;
        printf("%d %d", a, b);
```

说法正确的是：（　　）。

A. 存在语法错误 　　　　　　　　　　　　B. 输出 2　3

C. 输出 1　3 　　　　　　　　　　　　　　D. 输出 1　4

（11）int x=3, y=4, z=5;以下表达式中，值为 0 的是（　　）。

A. x&&y 　　　　　　　　　　　　　　　　B. x<=y

C. x||++y&&y-z 　　　　　　　　　　　　D. !(x<y&&!z||1)

（12）阅读以下程序片段：

```
        int a;
        if(a=1)
        printf("%d", a--);
```

以下叙述中，正确的是（　　）。

A. 变量 a 未初始化，不能直接使用。

B. 存在语法错误。

C. 程序输出 1。

D. 该段程序执行完后，变量 a 的值为 1。

（13）以下程序段的输出结果为（　　）。

```
        int a=10, b=30, c=50;
        if(a<b) a=b;
        else b=c; c=a;
        printf("%d %d %d\n", a, b, c);
```

A. 10　50　10 　　　　　　　　　　　　　B) 30　30　50

C. 30　30　30 　　　　　　　　　　　　　D) 30　50　10

（14）在嵌套使用 if 语句时，else 总是（　　）。

A. 和之前与其最近的 if 匹配。

B. 和之前的第一个 if 匹配。

C. 与之前与其有相同缩进位置的 if 匹配。

D. 与之前最近的未匹配的 if 匹配。

（15）以下关于 break 语句的说法正确的是（　　）。

A. break 语句只能用在循环中。

B. break 语句可出现在任何位置。

C. break 语句只能出现在循环和 switch 结构中。

D. break 语句的作用是结束本次循环，接着判断是否进入下一轮循环。

（16）以下不构成无穷循环的是（　　）。

A. n=0; 　　　　　　　　　　　　　　　　B. n=0

do{++n;} 　　　　　　　　　　　　　　　while(1){n++;}

while(n<=0);

C. n=10; 　　　　　　　　　　　　　　　　D. for(n=0,i=1; ; i++)

```
            while(n);{n--;}              n+=i;
```

（17）有以下程序

```c
#include <stdio.h>
void main()
{
    int x = 3;
    do
    {
        printf("%3d", x-=2);
    }
    while(!x);
}
```

运行后的输出结果是（　　）。

　　A. 1　　　　　　　　　　　　　　　B. 3　　　0

　　C. 1　　　-2　　　　　　　　　　　D. 无穷循环

（18）以下程序的输出结果是（　　）。

```c
#include <stdio.h>
void main()
{
    int i, j, x=2;
    for(i=0; i<2; i++)
    {
        x++;
        for(j=0; j<3; j++)
        {
            if(j%2) continue;
            x++;
        }
        x++;
    }
    printf("x=%d\n", x);
}
```

　　A.-20　　　　　　　　　　　　　　B. 20

　　C. 10　　　　　　　　　　　　　　D. -10

（19）已知变量 t 为整型变量，交换两个整型变量 a 和 b 的值，错误的是（　　　）。

　　A. t=a; a=b; b=t;　　　　　　　　　B. a+=b; b=a-b; a-=b;

　　C. a^=b^=a^=b;　　　　　　　　　D.a-=b; b=a-b; a+=b;

（20）执行以下的循环语句后,m 值为（　　　）。

```c
int i, j, m=1;
for(i=0; i<7; i+=2)
```

```
    for(j=5; j>0; j-=3)
        m++;
```

  A. 14　　　　　　　　　　　　B. 8

  C. 9　　　　　　　　　　　　D. 15

（21）以下程序

```
    int i, j, x;
    for(i=0; i<5; i++)
    {
        x = 1;
        for(j=0; j<i; j++)
            x+=2;
    }
    printf("%d",x);
```

的输出结果是（　　）。

  A. 9　　　　　　　　　　　　B. 21

  C. 11　　　　　　　　　　　D. 23

（22）有如下 if 语句

```
    if(a<b)
        if(a<c) k = a ;
        else k = c ;
    else
        if(b<c) k = b ;
        else k = c;
```

以下语句中与上述语句等价的是（　　）。

  A. k=(a<b)?a:b; k=(b<c)?b:c;

  B. k=(a<b)?((b<c)?a:b):((b>c)?b:c);

  C. k=(a<b)?((a<c)?a:c):((b<c)?b:c);

  D. k=(a<b)?a:b; k=(a<c)?a:c;

（23）有如下程序片段：

```
    y =-1;
    if (x != 0)
        if(x > 0) y=1;
    else   y = 0;
```

其能正确表示的数学函数是（　　）。

  A. $y = \begin{cases} -1 & (x < 0) \\ 0 & (x = 0) \\ 1 & (x > 0) \end{cases}$ B. $y = \begin{cases} 1 & (x < 0) \\ -1 & (x = 0) \\ 0 & (x > 0) \end{cases}$

$$\text{C.} \quad y = \begin{cases} 0 & (x<0) \\ -1 & (x=0) \\ 1 & (x>0) \end{cases} \qquad\qquad \text{D.} \quad y = \begin{cases} -1 & (x<0) \\ 1 & (x=0) \\ 0 & (x>0) \end{cases}$$

（24）以下程序段

```
int a=1, b=2, c=3;
if(a > b)
b = a; a = c; c = b;
```

执行后变量 a、b、c 的值分别是（　　）。

A. 3, 1, 1　　　　　　　　　　　　B. 1, 2, 3

C. 3, 2, 2　　　　　　　　　　　　D. 1, 3, 3

（25）关于如下 for 循环语句

```
for(;;);
```

正确的说法是（　　）。

A. 该语句不合法　　　　　　　　　B. 只会执行一次循环

C. 不确定　　　　　　　　　　　　D. 程序会无限循环

（26）若有 int x=10, y=12, z=8;

则关于表达式 x<y<z，说法正确的是（　　）。

A. 该表达式不符合语法　　　　　　B. 值为 1

C. 类型为布尔型　　　　　　　　　D. 值为 0

2. 阅读程序写出运行结果

（1）下面程序的运行结果是（　　）。

```
#include <stdio.h>
void main()
{
    int a=2,b=3,c ;
    c=a++-1;
    printf("%d,%d\n",a,c);
    c*=a+(++b||++c);
    printf("%d,%d\n",a,c);
}
```

（2）下面程序的运行结果是（　　）。

```
#include <stdio.h>
void main()
{
    int a=1;
    char c='b';
    float f=3.0;
    printf("%d,",(a+2,c+2));
    printf("%d,",f>=c);
```

```
        printf("%d,",f!=0&&c==a);
        printf("%d,",a<0?1:2);
        printf("%d\n",f+2.5);    //若用%f 格式，则输出 5.5
    }
```

（3）下面程序的运行结果是（　　　　）。

```
    #include <stdio.h>
    void main()
    {
        int x=-8;
        if(x%2)
            printf("%d 是奇数\n",x);
        else
            printf("%d 是偶数\n",x);
    }
```

（4）下面程序的运行结果是（　　　　）。

```
    #include <stdio.h>
    void main()
    {
        int n=4,m=1,k,t,sum=0;
        while(m<=n)
          {
              t=1;
              for(k=1;k<=m;k++)
                  t*=m;
              sum+=t;
              m++;
          }
        printf("sum=%d\n",sum);
    }
```

（5）下面程序的运行结果是（　　　　）。

```
    #include <stdio.h>
    void main()
    {
        int i,j=1;
        for(i=1;j<10;i++)
        {
            if(j>5) break;
            if(j%2!=0)
                { j+=3; continue; }
            j+=2;
```

```
        }
        printf("i=%d,j=%d\n",i,j);
    }
```

3. 填空题

（1）以下程序的输出结果是（　　　　）。

```
#include <stdio.h>
int main( )
{
    int i;
    for(i='a'; i<'f'; i++,i++)
        printf("%c",i-'a'+'A');
    return 0;
}
```

（2）以下的程序的输出结果是（　　　　）

```
#include <stdio.h>
void main( )
{
    int n=9768, d;
    while(n)
        {
            d=n%10;
            printf("%d", d);
            n/=10;
        }
}
```

（3）补全程序，验证角谷猜想：对于任意一个自然数 a，按以下步骤计算后得到的数为 1：

① 如果 a 为偶数，则除 2；如果为奇数，则乘 3 加 1，得到的数记为 b;

② 将 b 代入 a，重新进行①的运算；

```
#include <stdio.h>
int main()
{
    int n;
    printf("请输入一个自然数：");
    scanf("%d", &n);
    while(  ___①___  )
    {
    if(n%2)
        printf("%d\t",  ___②___  );
    else
```

```
            printf("%d\t",  ___③___ );
        }
    return 0;
    }
```

（4）以下程序统计输入字符中数字字符的个数，请补全程序：

```
#include <stdio.h>
int main()
{
        int n=0;
        char c;
        c=getchar();
        while(  ___①___  )
        {
                if(  ___②___  )
                    n++;
                c=getchar();
        }

        printf("\n%d", n);
        return 0;
}
```

（5）以下程序计算方程 $x^2 + y^2 + z^2 = 1989$ 的整数解，请补全程序：

```
#include <stdio.h>
int main( )
{
int i, j, k;
  for(i=-45; i<45; i++)
    for(  _____①_____  )
      for(k=-45; k<45; k++)
        if(___②___)
            printf("___③___", i, j, k);
}
```

（6）下面程序的运行结果（　　）。

```
#include <stdio.h>
int main()
{
        int x=1, y=0, a=0, b=0;
        switch(x)
            {
```

```
                    case 1: switch(y)
                            {
                            case 0: a++; break;
                            case 1: b++; break;
                            }
                    case 2: a++; b++; break;
                }
            printf("%d %d\n", a, b);
        }
```

（7）下面程序的功能是输出 3 个数中最大的一个。请填空。

```
# include <stdio.h>
int main( )
{
    int a,b,c,max;
    printf("input a,b,c:\n");
    scanf("%d%d%d",  ____①____  );
    max=a;
    if(b>max)
        max=b;
    if(  ____②____  )
        max=c;
        printf("max=%d\n",max);
        return 0;
}
```

（8）阅读下面程序并写出运行结果（   ）。

```
#include <stdio.h>
int main( )
{
    int a=1, b;
    switch(a)
    {
        case 1:
        case 2: b=6*a; break;
        case 3: b=3*a; break;
        default: b=2*a;
    }
    printf("%d\n", b);
    return 0;
}
```

（9）写出下面程序的运行结果（　　　）。

```c
# include <stdio.h>
int main()
{
        int n=0;
        char ch='*';
        do
        {
                n+=5;
                printf("%c", ch );
        }while(n<19);
        printf("\n");
}
```

（10）完成程序，列举出将 1000 元钱换成 10 元、20 元、50 元的所有兑换方案。

```c
# include <stdio.h>
int main()
{
        int i, j, k, m=0;
        for(i=0; i<=20; i++)
                for(j=0; j<=50; j++)
                    {
                            k= ____①____ ;
                            if( ____②____ )
                            {
                                printf("%2d    %2d    %2d", i, j, k);
                                m+=1;
                                if(m%5 ==0)
                                        printf("\n");
                            }
                    }
}
```

3. 编程题

（1）编写程序，对输入的 1 个字符，判断其是否为数字。若是数字，则输出其 ASCII 码。

提示与分析：

用一个字符型变量 c 标识输入的字符，若该字符介于'0'与'9'之间，则为数字。否则，不是数字。

（2）编写程序，对输入的 1 个大写字母转换为小写字母。

提示与分析：

大写字母与其相应的小写字母，在 ASCII 码表中的顺序号相差 32。

（3）利用 do-while 语句编程计算 sum=1+2+3+…+m，m 为一个正整数，其值由键盘输入。

（4）搬石头问题：有 100 块石头，1 只大象一次能扛 19 块，1 只老虎一次能扛 12 块，4 只松鼠一次能扛一块。大象、老虎、松鼠共 15 只，一次就将 100 块石头扛完了，请编程计算这三种动物每种多少只。

提示与分析：

① 100 块石头都让大象扛，一次扛完至少需要 5 只大象。考虑到 3 种动物共 15 只，故可能需要 1 至 3 只大象；

② 100 块石头都让老虎扛，一次扛完至少需要 9 只老虎。考虑到 3 种动物共 15 只，故可能需要 1 至 6 只老虎。

③ 需要的松鼠只数为 15 减去大象数再减去老虎数。

④ 考虑满足什么条件时，才能输出所需要的三种动物数目。

第 4 章　数组和字符串

本章导读

● 知识点介绍
● 一维数组实习
● 二维数组实习
● 数组综合实习
● 思考练习与测试

4.1　知识点介绍

4.1.1　数组

数组是同类型变量的集合，这些同类型的变量称为数组元素。常见的有一维数组、二维数组、字符数组及字符串数组。在结构化程序设计时，使用数组可以有效地组织循环，从而在编写程序时，使算法设计和代码编写大为简化。

1. 一维数组

（1）定义

定义格式如下：

　　类型说明符　数组名[维界表达式];

数组元素的使用：

　　数组名[下标]

说明：

① 数组的类型，实际上是数组所有元素的取值类型。

② 数组名的命名规则和变量相同，要遵循标识符的书写规则。

③ 维界表达式的值，表示数组元素的个数，即数组长度；一维数组存储在一片连续的内存单元中；维界表达式可以包含常量和符号常量，不能包含变量。

④ 数组元素的下标从 0 开始。数组的最后一个元素的下标为数组长度减 1。如果数组下标大于数组长度，就会越界。例如：

　　int a[10];

它表示名为 a 的长度为 10 的一维整型数组，其 10 个元素的下标从 0 开始，这 10 个元素是 a[0]，a[1]，a[2]，a[3]，a[4]，a[5]，a[6]，a[7]，a[8]，a[9]。没有数组元素 a[10]，否则就越界了。

⑤允许一个类型同时定义多个该类型的数组和变量，例如：

　　float b[5+3],c[14],x ,y;

表示名为 b 的一维实型数组有 8 个元素，名为 c 的一维实型数组有 14 个元素，名为 x 和 y 的两个实型变量。

⑥ 对定义的数组（含一维数组、二维数组及字符数组等），要给其赋初值。如果不给数组赋初值，系统默认数组各个元素的初始值是毫无意义的随机值。

（2）一维数组初始化

数组初始化就是给定义的数组元素赋初始值。数组初始化的常用方法如下：

① 在定义数组时对数组元素赋初值。初值放在一对花括号中各初值之间用逗号隔开。例如：

         int data[5]={1,2,3,4,5};

表示名为 data 的一维整型数组有 5 个元素，这 5 个元素 data[0]，data[1]，…，data[4] 的初始值依次为 1，2，3，4，5 。

② 只对数组中的部分元素赋初值，例如：

         int num[10]={2,4,6,8};

表示名为 num 的一维整型数组有 10 个元素，只给前面的 4 个元素 num[0]，num[1]，num[2]，num[3]依次赋初值 2，4，6，8，其他 6 个元素的默认值为 0。

③ 如果对数组的所有元素赋初值时，可以不指定数组的长度，例如：

         int s[ ]={1,3,5,7,9,11,13,15};

表示名为 s 的一维整型数组，系统自动指定其长度为 8，并自动给这 8 个元素 s[0],s[1], s[2]，s[3]，s[4]，s[5]，s[6]，s[7]，依次赋值 1，3，5，7，9，11，13，15。

2. 二维数组

（1）定义

定义格式如下：

         类型说明符 数组名[维界表达式 1][维界表达式 2];

数组元素的使用：

         数组名[行下标] [列下标]

说明：

① 二维数组的类型说明符、数组名都与一维数组的规定相同。不同的是用两个方括号表示数组的下标，维界表达式 1 表示二维数组的行下标，维界表达式 2 表示二维数组的列下标。例如：

         int k[2][3];

表示名为 k 的二维数组，有 2 行 3 列共 6 个数组元素。

② 可以把二维数组看作是一种特殊的一维数组，这个数组的每个元素又是一个一维数组。例如：

可以把数组 k 看作有两个元素 k[0]，k[1]的一维数组。其中，每个元素又包含 3 个元素。即：

         k[0]包含 k[0][0]，k[0][1]，k[0][2]

         k[1]包含 k[1][0]，k[1][1]，k[1][2]

③ 二维数组的存储

二维数组的元素在内存中按行存放，即先顺序存放第一行的元素，再存放第二行的元素，依次类推。

（2）二维数组初始化

给定义的二维数组赋初值，称为二维数组初始化。常用以下方法：

① 采用分行方式给二维数组赋初值。将每行数据写在一个花括号中，行与行之间用逗号隔开，所有行再用一个外层花括号括起来。例如：

  int array[2][3]={{1,2,3}, {4,5,6}}; //数组 array 有 2 行 3 列

这种方法是用两个花括号表示两行元素的值。每行中，将内层花括号中的值依次赋给每一行的具体元素。即第一行元素的值依次为 array[0][0]=1，array[0][1]=2，array[0][2]=3；第二行元素的值依次为 array[1][0]=4，array[1][1]=5，array[1][2]=6。

② 按二维数组的存储顺序给各元素赋初值。将所有数据写在一个花括号中，按行优先的顺序依次对数组各个元素赋初值。例如：

  int score[3][3]={1,2,3,4,5,6,7,8,9}; //数组 score 有 3 行 3 列

赋值后，score[0][0]=1，score[0][1]=2，score[0][2]=3，score[1][0]=4，score[1][1]=5，score[1][2]=6，score[2][0]=7，score[2][1]=8，score[2][2]=9。

③ 只给二维数组的部分元素赋初值，这时也要采用分行方式。例如：

  int sum[3][3]={{1}, {4}, {7}}; //只给各行的第一列元素赋初值

赋值后，sum[0][0]= 1，sum[1][0]=4，sum[2][0]=7，默认其余元素的值都为 0。

④ 对数组的全部元素赋值时，可以不指定数组第一维元素的长度，但是第二维元素的长度必须指定。例如：

  int aver[ ][3]={2,4,6,8,10,12,14,16,18}; //每行 3 列，默认为 3 行

系统会根据数组元素的个数和第二维的长度，确定第一维的长度为 3。

3. 字符串与字符数组

（1）字符串

C 语言中字符串常量是一对双引号括起来的一串字符，在表示字符串常量时，不需要人为地在其末尾加入'\0'，C 编译程序会自动在末尾添加字符'\0'。例如，"english"，"I have a book"，"How are you"都是字符串常量。

C 语言中字符串常量给出的是地址值，字符串常量在内存中的存放形式是按字符串中字符的排列次序顺序存放，每个字符占一个字节，并在末尾添加'\0'作为结束标志。字符串常量是字符串在内存中所占的一串连续存储单元的首地址。

C 语言中没有字符串变量，所以使用字符数组来存放和处理字符串。其中，一维字符数组可以存放一个字符串，二维字符数组可以存放多个字符串。

（2）字符数组

① 字符数组的定义

字符数组的定义格式如下：

  char 数组名[维界表达式]; //一维字符数组

  char 数组名[维界表达式 1][维界表达式 2]; //二维字符数组

数组元素的使用：

  数组名[下标]   //一维数组元素

  数组名[行下标][列下标] //二维数组元素

说明：

● 在定义一维字符数组时，"维界表达式"的值表示字符数组的长度。该值应该比它

将要实际存放的字符串的长度多 1，以便用来存放字符串结束标志'\0'。

● 在定义二维字符数组时，"维界表达式 1"的值，表示存放字符串的个数；"维界表达式 2"的值，表示所存放的最长字符串的长度，该值应该比将要存放的多个字符串中的最长字符串所包含的字符个数多 1。这样就要多出一个元素，以便用来存放这个最长字符串的结束标志'\0'。

例如：

char ch[5], name[3][6] ;

定义数组名为 ch 的一维字符数组和名为 name 的二维字符数组。

字符数组 ch 的长度为 5，可以存放的字符串长度最大值为 4。即字符数组 ch 包含 ch[0]，ch[1]，ch[2]，ch[3]，ch[4] 五个元素。如果将字符串"love"存放到字符数组 ch 中，则前 4 个元素依次存放单字符'l'，'o'，'v'，'e'，第五个元素 ch[4]存放'\0'。

字符数组 name 包含以下 18 个元素：

name[0][0]　name[0][1]　name[0][2]　name[0][3]　name[0][4]　name[0][5]
name[1][0]　name[1][1]　name[1][2]　name[1][3]　name[1][4]　name[1][5]
name[2][0]　name[2][1]　name[2][2]　name[2][3]　name[2][4]　name[2][5]

二维字符数组 name 可以看作是包含 name [0]，name[1]，name[2]三个元素的一维数组，而这三个元素又分别是包含 6 个元素的一维字符数组。所以字符数组 name 可以存放三个字符串，每个字符串长度最大值为 5。有时也称二维字符数组为字符串数组。

② 字符数组具有普通数组的一般性质，详见一维、二维数组的知识点。

（3）字符数组的初始化

所谓字符数组的初始化，就是要给定义的字符数组赋初值。常用的赋值方法是在定义字符数组的同时给数组赋初值；也可以先定义字符数组，然后再给字符数组元素赋值。

① 使用字符常量给字符数组中的各个元素赋初值。

例如：

　　char s1[8]={'s', 't', 'u', 'd', 'e', 'n', 't', '\0'};　//数组 s1 的长度为 8，字符串长度为 7

字符个数(含'\0')可以小于或等于数组的长度，但不能大于数组的长度。如果小于数组长度，剩余的元素自动赋值为空字符，即'\0'。

② 使用字符串常量给字符数组赋初值。

例如：

　　char s2[8]={"student"};　//字符串长度为 7，字符数组长度为 8

将字符数组 s2 的前 7 个元素依次赋值，最后一个元素 s2[7]的值默认为'\0'。

数组初始化时，可以不定义数组的大小，由系统自动给出，

例如：

　　char s3[ ]={"clock"};　//系统默认字符串长度为 5，数组长度为 6

　　char s3[ ]= "clock";　//花括号可以省写

　　char s4[ ][4]={{"max"}, {"min"}};　//系统默认该数组为 2 行 4 列

　　char s4[ ][4]={"max", "min"};　　　//内部的花括号可以省写

二维字符数组 s4 可以看作是由两个元素 s4[0]、s4[1]组成的一维数组，而 s4[0]是存放字符串"max"的数组，s4[1]是存放字符串"min"的数组。

③ 给字符数组元素逐个赋字符值，最后人为地加入字符串结束标志'\0'。

例如：

　　char st[4],str[6],s[2][3]; 　　// 先定义字符数组然后再给数组元素赋值

　　st[0]= 'm'; st[1]= 'a'; st[2]= 'p'; st [3]= '\0';

　　str[0]= 'l'; str[1]= 'o'; str[2]= 'v'; str[3]= 'e'; str[4]= '\0'; //系统自动将'\0'赋给 str[5]

　　s[0][0]= 'w'; s[0][1]= 'e'; s[0][2]= '\0'; s[1][0]= 'u'; s[1][1]= 's'; s[1][2]= '\0';

注意：

当作字符串变量使用的字符数组初始化时，不能将字符串常量直接赋给数组名。

例如：

　　char ss[8];

　　ss="teacher"; 　　//错误的赋值

这种赋值形式是不允许的。因为字符串常量给出的是地址值，数组名 ss 是一个地址常量，不能被重新赋值。

（4）字符串数组

所谓字符串数组就是数组中的每个元素又都是一个存放字符串的一维数组。实现这一结构的代表是二维字符数组。即一个二维字符数组可以看作是一个一维数组，这个一维数组中的每一个元素又是一个存放字符串的一维数组。

4.1.2　常用字符(串)处理函数

C 语言中的字符串处理函数定义在头文件 string.h 中，使用时需要在源程序的开始位置添加"#include <string.h>"。

1. 常用字符串处理函数

常用的字符串处理函数如下：

（1）字符串复制（拷贝）函数

格式：strcpy(目标字符串, 源字符串);

功能：将"源字符串"复制到"目标字符串"所指存储空间中，函数返回"目标字符串"的值，即"目标字符串"的首地址。"目标字符串"必须指向一个足够容纳"源字符串"的存储空间。

例如：

```
#include <stdio.h>
#include <string.h>
void main()
{
    int i;
    char ch[]="boy",str[3][4];
    for(i=0;i<3;i++)
        strcpy(str[i],ch);
    for(i=0;i<3;i++)
        printf("  %s",&str[i]);    //屏幕显示 boy   boy   boy
    printf("\n");
}
```

在这段程序中，循环语句 for(i=0;i<3;i++) strcpy(str[i],ch); 是利用字符串拷贝函数将字

符串"boy"复制到 str[0], str[1], str[2]中，二维字符数组 str 的值变为{"boy", "boy", "boy"}。

（2）字符串连接函数

格式：strcat(字符串 1,字符串 2);

功能：将"字符串 2"连接到"字符串 1"的尾部，并自动覆盖"字符串 1"的结束标志'\0'。返回"字符串 1"的首地址。"字符串 1"必须指向一个足够容纳两个字符串合并内容的存储空间。

例如：

```
#include <stdio.h>
#include <string.h>
void main()
{
    char str1[40]="The teacher is reading the text ";
    char str2[]="to us.";
    printf("%s",strcat(str1,str2));
    printf("\n");
}
```

在这段程序中，输出语句 printf("%s",strcat(str1,str2));是利用字符串连接函数将字符串 "to us."连接到字符串"The teacher is reading the text "的尾部并在屏幕上显示连接的结果为：

The teacher is reading the text to us.

（3）求字符串长度函数

格式：strlen(字符串);

功能：计算字符串长度，并作为函数的返回值。这一长度不包括字符串尾的结束标志 '\0'。

（4）字符串比较函数

格式：strcmp(字符串 1,字符串 2);

功能：比较两个字符串的大小。若字符串 1 >字符串 2，则函数值大于 0（正数）；若字符串 1==字符串 2，则函数值等于 0；若字符串 1 <字符串 2，则函数值小于 0（负数）。

说明：字符串的比较方法是：依次对两个字符串对应位置上的字符两两进行比较，当出现第一对不相同的字符时，就由这两个字符的 ASCII 值决定所在字符串的大小。

（5）字符串输入输出函数

① 字符串输入函数

格式：gets(字符数组名);

功能：从终端键盘读入字符串（包含空格符），直到读入一个换行符为止。换行符读入后不作为字符串的内容，系统将自动用'\0'代替。

② 字符串输出函数

格式：puts(字符数组名);

功能：从字符数组名指向的待输出字符串起始地址开始，依次输出存储单元中的字符，当遇到第一个'\0'时结束输出，并自动输出一个换行符。

2. 以字符串作为处理对象的函数

以字符串作为处理对象的函数定义在头文件 string.h 中。经常使用的这类字符串处理函数如下：

函　数　名	定　义　格　式	作　　　用
puts	puts(字符数组)	输出数组中的字符串
gets	gets(字符数组)	输入一个字符串到字符数组
strcat	strcat(字符数组 1,字符数组 2)	将数组 2 中的字符串连接到数组 1 的后面
strcpy	strcpy(字符数组 1,字符数组 2)	将数组 2 中的字符串复制到数组 1 中
strcmp	strcmp(字符串 1,字符串 2)	比较两个数组中的字符串的大小
strlen	strlen(字符串)	计算字符串的实际长度(不计串尾的'\0')
strlwr	strlwr(字符串)	把字符串中的大写字母转换成小写字母
strupr	strupr(字符串)	把字符串中的小写字母转换成大写字母

3. 以字符作为处理对象的函数

以字符作为处理对象的函数定义在头文件 cpyte.h 中。经常使用的这类字符处理函数如下：

函　数　名	定　义　格　式	作　　　用
tolower	tolower (字符)	将字符转换成小写字母
toupper	toupper (字符)	将字符转换成大写字母

4.2　实习一　一维数组

4.2.1　实习目的

1. 掌握一维数组的输入输出操作。

2. 学习一维数组的一些应用。

4.2.2　实习内容

1. 下面程序的功能是输出存储在一维数组中的数列{6, −2, 4, 36, 9, 25, 18, 10, 21, −7}元素的最大值。请填空。

```
#include <stdio.h>
void main()
{
    int a[10]={6, −2, 4, 36, 9, 25, 18, 10, 21, −7};
    int i, max;
    max=a[0];
    for( i=1; i<10; i++)
        if(a[i]>max)
            _____ ;
```

```
      printf("max=%d\n", max);
}
```

提示与分析：

① 程序中用变量 max 标识数组元素最大值，其初始值为 a[0]。

② 通过循环将 max 的值与后面的元素值逐一进行比较。如果某元素的值大于 max 的值，则将该元素值替换 max 的值。循环结束后，max 的值就是最大值。

2. 下面程序的功能是对从键盘输入的一个字符串和一个字符，统计该字符在字符串中出现的次数，并输出统计结果。请填空。

```
#include <stdio.h>
void main( )
  {
      char c, str[20];
      int count=0, i=0;
      printf("请输入字符串：\n");
      gets(str);
      printf("请输入要找的字符：\n");
      scanf("%c",&c);
      while(str[i]!='\0')
      {
          if( _____ )
          count++;
          _____;
      }
      printf("字符%c 在字符串%s 中出现%d 次\n",c,str,count);
  }
```

提示与分析：

① 程序中用字符数组 str 和字符变量 c 分别标识输入的字符串（长度<20）和字符，用整型变量 count 标识要找字符在字符串中出现的次数。

② 用 gets()函数输入字符串，用 scanf()函数输入要找的字符。

③ 在 while 循环中，用整型变量 i 标识循环变量。当 str[i]不等于字符串结束符'\0'时循环，依次比较字符数组中的每一个元素是否和字符 c 相等，如果相等则 count 值增 1。

3. 下面程序的功能是对从键盘输入的字符串，分别用格式%c 和格式%s 输出该字符串。请找出程序中的错误并改正。

```
#include <stdio.h>
void main( )
  {
      char str[20];
      int i=0;
      printf("请输入字符串：\n");
      gets( );
```

```
        printf("逐个输出字符串：\n");
        for(i=0;str[i]!= '\0';i++)
            printf("%c", stri);
        printf("\n");
        printf("整个输出字符串: %s\n",&str );
    }
```

提示与分析：

① 程序中用字符数组 str 标识从键盘输入的字符串。。

② 在循环语句中，可以使用格式%c 逐个输出字符串中的字符。

③ 在 printf( )中用格式%s 可以整个输出字符串。

4. 编写程序，计算若干个学生的平均成绩和高于平均成绩的人数。

提示与分析：

① 学生人数可以用符号常量表示。用一维数组 mark[ ]存放学生成绩，用变量 i 标识循环变量，用变量 n 标识高于平均分人数，用两个实型变量分别标识学生总成绩及平均成绩。

② 使用循环语句输入学生成绩并计算学生总成绩。总成绩与学生数的商为平均成绩。

③ 使用循环语句及分支语句统计高于平均分的人数。

5. 编写程序，计算某月某日是本年的第几天。

提示与分析：

① 用变量 y、m、d 分别标识输入的年、月、日。

② 用数组 a[]={0,31,28,31,30,31,30,31,31,30,31,30,31}存放一年各个月份的天数。

③ 计算天数时，如果月份大于 2，则应考虑是否为闰年，方法如下：

当条件 "y%4==0 && y%100!=0 || y%100==0 && y%400==0" 为真时，为闰年。闰年 2 月的天数是 29 天。

4.3　实习二 二维数组

4.3.1　实习目的

1. 掌握二维数组的输入输出操作。

2. 学习二维数组的一些应用。

4.3.2　实习内容

1. 写出下面程序的运行结果，然后上机验证。

```
#include<stdio.h>
void main()
{
    int k, a[3][3]={1,2,3,4,5,6,7,8,9};
    for(k=0; k<3; k++)
        printf("%3d", a[k][2-k]);
```

```
    printf("\n");
    }
```

2. 下面程序的功能是利用下标产生 5 行 5 列的二维数组的各个元素（元素值等于 10 倍行下标加列下标）并输出该数组表示的矩形区域的下三角元素，请填空。

```
#include <stdio.h>
void main()
{
    int a[5][5];
    int i,j;
    for(i=0;i<5;i++)       //i 控制行
        for(j=0;j<5;j++)   //j 控制列
            _____;
    printf("生成的二维数组\n");
    for(i=0;i<5;i++)
    {
        printf("\n");
        for(j=0;j<5;j++)
        printf("%3d",a[i][j]);
    }
    printf("\n 输出二维数组的下三角元素");
    for(i=0;i<5;i++)
    {
        printf("\n");
        for( j=0; _____; j++ )
        printf("%3d",a[i][j]);
    }
    printf("\n");
}
```

提示与分析：

① 在程序中二维数组 a 的行下标和列下标分别用整型变量 i、j 标识。因为二维数组的元素在内存中按行优先方式存放，所以用 i、j 作为二重循环的外循环和内循环的循环变量能够访问数组 a 的所有元素。

② 依据题意，数组元素值为 10×i+j。

③ 主对角元素的行列下标相等。

3. 已知二维数组的元素值为{{6,62,28}, {92,85,50}, {42,22,70}}。编写程序，输出二维数组中元素的最大值及其所在的位置。

提示与分析：

① 设二维数组 a 的行下标和列下标分别用整型变量 i、j 标识。由于二维数组的元素在内存中按行优先方式存放，所以用 i、j 分别作为二重循环的循环变量，能访问二维数组 a 的所有元素。

② 用整型变量 max、x、y 分别标识数组元素中的最大值及该值元素的行下标和列下标，其初始值分别为 a[0][0]、0、0。

③ 在二重循环时将 max 与其他元素值比较。若 max 小于某个元素值时，就用该元素值替换 max，同时用该元素的下标替换 x 与 y。

4. 编写属相查询程序，从键盘输入一个人的出生年份，查找并输出其属相。

提示与分析：

首先定义 12 行 3 列的字符数组，其初始值为 12 种属相。再将年份除以 12 可能得到的余数数列 {0,1,2,3,4,5,6,7,8,9,10,11} 存入整型一维数组中。然后，输入一个人的出生年份并计算其被 12 除的余数 r。依据 r 的值从属相表中查询其属相。例如，某人的出生年份为 1990 年，1990 除以 12 的余数是 10，所以此人属马。

十二属相表

余数	0	1	2	3	4	5	6	7	8	9	10	11
属相	猴	鸡	狗	猪	鼠	牛	虎	兔	龙	蛇	马	羊

4.4　实习三 数组综合练习

4.4.1　实习目的

1. 熟记常用的字符串处理函数。

2. 掌握数据的排序、插入等操作。

3. 提高程序阅读能力，开阔视野。利用所学知识解决一些综合性较强、难度较大的问题，提高程序设计能力。

4.4.2　实习内容

1. 下面程序的功能是对输入的三个字符串，从中找出最大者，请填空。

```
#include <stdio.h>
#include <string.h>
void main()
{
    char max[20],str[3][20];
    int i;
    printf("输入三个字符串:\n");
    for(i=0;i<3;i++)
        gets( _____ );
    if(strcmp(str[0],str[1])>0)
        strcpy(max,str[0]);
    else
        strcpy(max,str[1]);
    if( _____ )
```

```
        strcpy( _____ );
    printf("三个串中的最大串为：%s\n",max);
}
```

提示与分析：

① 程序中用 3 行 20 列的二维字符数组 str 存放随机输入的 3 个字符串（列数由输入的 3 个字符串中的长度最大者确定），用一维字符数组 max 存放其中的最大字符串。

② 字符串的输入使用 gets()函数。

③ 使用函数 strcmp( )从 3 个字符串中找出最大字符串后，用函数 strcpy( )复制到数组 max 中。

2. 下面程序的功能是有一个按递升顺序排列的数组，其中的数据为 2，4，6，8，10，12，14，16，18，20。从键盘上输入一个数。要求按原来排序的规律把它插入到数组中，请填空。

```c
#include <stdio.h>
void main( )
  {
      int x, i, a[11]={2,4,6,8,10,12,14,16,18,20};
      printf("请输入要插入的数值 x：\n");
      scanf("%d",&x);
      for(i=9; i>=0; i--)
          {
              if(x<=a[i])
              {
                  _____ ;
                  if(i==0)a[i]=x;
              }
              else
              {
                  a[i+1]=x;
                  _____ ;
              }
          }
      for(i=0; i<11; i++)
          printf("%d,",a[i]);  // 输出插入 x 后的数组元素
  }
```

提示与分析：

① 程序中的数组 a 符合题意要求，用整型变量 x 标识从键盘随机输入的数，用整型变量 i 标识循环变量。

② 从数组的末尾元素 a[9]开始检查，凡是比 x 大的元素 a[i]均向后移动一个位置，如果 a[0]仍大于 x，则将 x 插入到 a[0]位置上。

③ 当首次遇到小于 x 的元素 a[i]时，则将 x 插入到其后的位置上。

　　3. 一个班级有若干名学生，输入一个学生的名字，查询该学生是否属于该班级，并输出相应的信息。请编写程序。

提示与分析：

① 用符号常量 M、N 分别标识某班级能容纳的学生人数和学生姓名的最大长度。

② 用字符数组 name[M][N]存储某班学生的姓名，用 student[N]存储要查找学生的姓名。

③ 用整型常量 num 标识输入的实际学生人数，其初始值为 0；在输入每个学生姓名时的循环变量为 i；当输入的学生姓名为"***"时就中断输入。

④ 输入要查找的学生姓名，并通过字符串比较函数将待查找的学生姓名与二维数组中已经存在的学生姓名比较，并返回相应的结果。

　　4. 用选择法编写程序，将下列数据按降序排列并输出。

　　　12, 256, 15, –9.2, 38

提示与分析：

① 将 5 个数 12, 256, 15, –9.2, 38 分别存入数组元素 a[0], a[1], a[2], a[3], a[4]

② 选择法降序排列数据的过程如下：

第 1 轮：从全部元素中选出最大的元素 a[1]，记下其下标 m=1，然后将 a[1]与 a[0]交换，这样就把最大的元素排到了最前面。

第 2 轮：从余下的 4 个元素中选出最大的元素 a[4]，记下其下标 m=4，并将 a[4]与 a[1]交换。这样，就把次最大的元素排在 a[1]的位置。

第 3 轮：从余下的 3 个元素中选出最大的元素 a[2]，记下其下标 m=2，这次不需要交换，第 3 最大的元素排在 a[2]的位置。

第 4 轮：从余下的 2 个元素中选出最大的元素 a[4]，记下其下标 m=4，然后将它与 a[3]交换，于是，第 4 最大的元素排在 a[3]的位置。

至此，排序完成。

4.5　思考练习与测试

一、思考题

1. 阅读下列程序，分析输出结果，若将 s[j]=j/2 改为 s[j]=j%2，则结果是什么？

```c
#include <stdio.h>
void main( )
{
    int s[10], t[10], j;
    for(j=0;j<10;j++)
    {
        s[j]=j/2; t[10–j–1]=s[j];
    }
    printf("array t：");
    for(j=0;j<10;j++)
```

```
        printf("%3d",t[j]);
    printf("\n");
}
```

2. 阅读下列程序，分析输出结果。

```c
#include <stdio.h>
void main( )
{
    int a[][3]={9,7,5,3,1,2,4,6,8};
    int i,j,b[3],s1=0,s2=0;
    for(i=0;i<3;i++)
    {
        b[i]=0;
        for(j=0;j<3;j++)
        {
            b[i]+=a[i][j];
            if(i==j)s1=s1+a[i][j];
            if(i+j==2)s2=s2+a[i][j];
        }
    }
    printf("%3d%3d\n",s1,s2);
    for(i=0;i<3;i++)
        printf("%3d",b[i]);
    printf("\n");
}
```

3. 若输入 20 和 8，则下列程序的输出结果是什么？

```c
#include <stdio.h>
void main( )
{
    char b[17]="0123456789abcdef";
    int i=0,h,m,n,c[10];
    printf("输入 m,h:");
    scanf("%d,%d",&m,&h);
    do
    {
        c[i++]=m%h;        //余数存入数组 c
    }while((m=m/h)!=0);    //相除后取整，若不为 0 则继续循环
    for(--i; i>=0; --i)
    {
        n=c[i];            //后得到的余数先处理
        printf("%c",b[n]);
```

```
    }
}
```

二、练习题

1. 选择题

（1）下列一维数组的定义中，错误的是____。

    A. int a[4];
                B. int a[4]={1, 2, 3, 4, 5};

    C. int a[4]={1, 2, 3};
          D.int a[4]={1};

（2）假设 int 型变量占 4 个字节的存储单元，若有定义：

    int x[10]={0,2,4};

则数组 x 在内存中所占字节数为____。

    A. 6
                B. 12

    C. 20
               D. 40

（3）以下数组定义中，错误的是____。

    A. int a[2][3];
                B. int b[][3]={0,1,2,3};

    C. int c[100][100]={0};
      D. int d[3][]={{1,2},{1,2,3},{1,2,3,4}};

（4）若已定义：int a[3][2]={1, 2, 3, 4, 5, 6};，值为 6 的数组元素是____。

    A. a[3][2]
            B. a[2][1]

    C. a[1][2]
            D. a[2][3]

（5）以下能对二维数组 x 正确进行初始化的语句是____。

    A. int x[2][]={{1,0,1},{5,2,3}};
    B. int x[][3]={{1,2,3},{4,5,6}};

    C. int x[2][4]={{1,2,3},{4,5},{6}};
    D. int x[][]={{1,0,1},{ },{1,1}};

（6）若已定义：int a[][4]={1,2,3,4,5,6,7,8,9}; 则数组 a 的第一维的大小是____。

    A. 2
                B. 3

    C. 4
               D. 不确定

（7）给出以下定义：

    char x[]="abcdefg";

    char y[]={'a','b','c','d','e','f','g'};

则正确的叙述为____。

    A. 数组 x 和数组 y 等价
        B. 数组 x 和数组 y 的长度相同

    C. 数组 x 的长度大于数组 y 的长度
  D. 数组 x 的长度小于数组 y 的长度

（8）下列字符串赋值或赋初值的方式中，不正确的是____。

    A.char str[]="string";
         B. char str[7]={'s','t','r','i','n','g'};

    C. char str[10]; str="string";
    D. char str[7]={'s','t','r','i','n','g','\0'};

（9）若已定义 int x[5],a[3]={2};，下列对数组元素的引用中，正确的是____。

    A. x[a[0]]
            B. x[5]

    C. x[a]
            D. x[a[0]+3]

（10）以下程序的输出结果是____。

```
#include <stdio.h>
void main()
{
```

```
int a[4][4]={{1,3,5},{2,4,6},{3,5,7}};
printf("%d%d%d%d\n",a[0][3],a[1][2],a[2][1],a[3][0]);
}
```

A. 0650　　　　　　　　　　　　　　B. 1470

C. 5430　　　　　　　　　　　　　　D. 输出值不确定

2. 填空题

（1）若定义 int a[10]={1,2,3}；则 a[3]的值是＿＿＿。

（2）在 C 语言中，二维数组各个元素在内存中的存放顺序是＿＿＿。

（3）若定义 int a[2][3]={{2},{3}}；则值为 3 的数组元素是＿＿＿。

（4）若定义 char string[]="This is a book!"，则该数组的长度是＿＿＿。

（5）若定义 char a[15]="windows-2000"；则执行语句 printf("%s",a+8);后的输出结果是＿＿＿。

（6）下列程序的输出结果是＿＿＿。

```
#include <stdio.h>
void main()
  {
    char b[]="Hello,you";
    b[5]=0;
    printf("%s\n",b);
  }
```

（7）判断字符串 s1 是否大于字符串 s2，应使用的判断条件是＿＿＿。

（8）若有定义语句：char s[100],d[100]; int j=0,i=0;且 s 中已赋字符串，请填空以实现字符串拷贝。（注意：不得使用逗号表达式）

```
while(s[i])
  {
    d[j]=____;
    j++;
  }
d[j]=0;
```

（9）下面程序的功能是将一个字符串按逆序存放，请填空。

```
#include <stdio.h>
#include <string.h>
void main()
  {
    char str[80],m;
    int i,j;
    gets(str);
    for (i=0,j=strlen(str);i<___①___;i++,j--)
      {
        m=str[i];
```

```
                str[i]=___②___;
                str[j-1]=m;
            }
        printf("%s\n",str);
    }
```

（10）下面程序的功能是：将字符数组 a 中下标值为偶数的元素从小到大排列，其他元素不变。请填空。

```
    #include <stdio.h>
    #include <string.h>
    void main()
      {
        char a[]="clanguage",t;
        int i,j,k;
        k=strlen(a);
        for (i=0;i<=k-2;i+=2)
          for (j=i+2;j<k;___①___)
             if (___②___)
                 { t=a[i]; a[i]=a[j]; a[j]=t; }
        puts(a);
        printf("\n");
      }
```

3. 程序改错题

（1）下列程序的功能是计算矩阵 A 的主对角线上的元素之和并输出。该程序有错误，请将程序修改正确（只能对有错误的行进行修改，不得修改正确的行，也不得删除或增加程序行）。

```
    #include <stdio.h>
    void main()
     {
        int a[3][3]={1,3,5,7,9,11,13,15,17},i,j;
        int sum=0;
        for(i=1;i<=3;i++)
          for(j=1;j<=3;j++)
            if (i==j)
                sum=a[i][j];
        printf("sum=%d\n",sum);
     }
```

（2）下列程序的功能是统计从终端输入的字符中大写字母的个数，num[0]中统计字母 A 的个数，其他以此类推。用#号结束输入（函数 isupper(c)用于判断 c 是否为大写字母）。

```
    #include <string.h>
    #include <stdio.h>
```

```
#include <ctype.h>
void main()
  {
     int i, num[26]=0;
     char c;
     while (c=getchar()!='#')
        if (isupper(c))   num[c]+=1;
     for (i=0; i<26; i++)
        if (num[i])   printf("%c:   %d\n",i+'A',num[i]);
  }
```

4. 编程题

（1）随机产生 10 个 1～100 的正整数存入数组 a，输出该数组各个元素，并求最大值、最小值和平均值。

提示：

① 用 srand()和 100*(rand()+1)/32768 产生 1～100 之间的随机数。

② 以 a[0]作为最大值、最小值及累加和的初始值，用数组和循环相结合求出数组的最大值、最小值和平均值。

（2）编制程序计算矩阵 a[5][5]的周边元素之和。

（3）实行学分制，学生的平均绩点是衡量学生学习的重要依据。成绩等级与绩点的关系如下表所示：

等级	100～90	89～80	79～70	69～60	60 以下
绩点	4	3	2	1	0

$$平均绩点=\frac{\sum 所学各课程学分 \times 绩点}{\sum 所学各课程的学分}$$

编一程序利用两个一维数组分别输入某学生 20 门课程的学分和对应成绩，计算其平均绩点。

（4）编制程序将一个字符串按逆序存放。

（5）编制程序测试字符串 str2 是否整体包含在字符串 str1 中，若包含，则指明 str2 在 str1 中的起始位置。例如：str1="abcde"，str2="cd"，则 str2 包含在 str1 中，起始位置为 3。

三、测试题

1. 选择题

（1）合法的数组定义语句是（　　）。

    A. int a[4] = {1,2,3,4,5};   B. int a[3]={0}, b[3] = a;

    C. int a[4];   D. int a[ ] = {0};

    a = {1,2,3,4,5};

（2）将字符串"hello"存放在一个字符数组中，正确的定义方式是（　　）。

    A. char s[5]="hello";   B. char s[5]={'h', 'e', 'l', 'l', 'o'};

C. char s[10]="hello";　　　　　D. char s[10]; s ="hello";

（3）若有以下语句，描述正确的是（　　）。

char s1[ ]="string"

char s2[ ]={'s', 't', 'r', 'i', 'n', 'g'};

A. 数组 s1 和 s2 的长度相同　　　B. 数组 s1 的长度大于 s2 的长度

C. 数组 s1 的长度小于 s2 的长度　　D. 两个数组是等价的

（4）以下能对二维数组进行正确初始化的语句是（　　）。

A. int a[2][ ]={{1,2,3},{4,5,6}};　　B. int a[ ][ ]={{1,2,3},{4,5,6}};

C. int a[ ][2]={{1,2,3},{4,5,6}};　　D. int a[ ][2]={ 1, 2, 3, 4, 5, 6};

（5）若有数数组定义

char s[ ]="welcome";

则以下说法正确的是（　　）。

A. 字符串 s 的长度为 7　　　　　B. 字符串 s 的长度为 8

C. 字符数组 s 的大小为 7　　　　D. sizeof(s)和 strlen(s)的值相等

（6）引用数组时，数组下标的数据类型为（　　）。

A. 整型常量　　　　　　　　　B. 整型表达式

C. 整型常量或整型表达式　　　　D. 任意类型表达式

（7）若有说明：int a[4]={1};则正确的叙述是（　　）。

A. 数组 a 中所有元素的值都为 1　　B. 数组 a 首元素为 1，其它元素值不确定

C. 数组 a 中所有元素的值都为 0　　D. 数组 a 首元素为 1，其它元素值为 0

（8）有以下语句：

char s[10]={'a', 'b', '\0', '\0', 'c', 'd', 'e'};

printf("%d %d", strlen(s), strlen(&s[4]));

输出结果为（　　）。

A. 2　　2　　　　　　　　　　B. 2　　3

C. 7　　3　　　　　　　　　　D. 2　　6

（9）若有说明：int a[][3]={1,2,3,4,5,6,7};则数组 a 的行数为（　　）。

A. 2　　　　　B. 3　　　　　C. 4　　　　　D.不确定

（10）已知二维数组每行有 m 列，元素 a[i][j]前共有多少个元素（　　）。

A. j*m+i　　　　　　　　　　B. i*m+j

C. i*m+j-1　　　　　　　　　D. i*m+j+1

（11）有以下语句段：

char str[11];

scanf("%s", str);

printf("%s\n", str);

用户从键盘输入"Hello World!"，以下说明正确的是（　　）。

A. 产生越界错误　　　　　　　B. 输出字符串"Hello Worl"

C. 输出字符串"Hello World"　　　D. 输出字符串"Hello"

（12）判断两个字符串 a 和 b 相等，应使用（　　）。

A. if(a ==b)　　　　　　　　　B. if(a =b)

C. if(strcmp(a, b)==0)   D. if(strlen(a) == strlen(b))

（13）以下程序段的输出结果为（   ）。

```
char s[ ]="\\121\142abd\n";
printf("%d \n", strlen(s) );
```

A. 12   B. 9

C. 13   D. 14

（14）以下程序段的输出结果为（   ）。

```
char name[3][10]={"LiNing", "ZhangShan", "Lily"};
printf("%s\n", name[1] );
```

A. LiNing   B. ZhangShan

C. ZhangShan Lily   D. Lily

（15）以下程序段的输出结果的为（   ）。

```
int a[10]={1,2,3,4,5,6,7,8,9,10}, i, t;
for(i=0; i<5; i++)
{
    t = a[i];
    a[i] = a[9-i];
    a[9-i] = t;
}
for(i=0; i<10; i++)
{
    printf("%d", a[i]);
}
```

A. 1,2,3,4,5,6,7,8,9,10   B. 6,7,8,9,10,1,2,3,4,5

C. 10 9 8 7 6 5 4 3 2 1   D. 10,9,8,7,5,6,4,3,2,1

（16）有以下程序段：

```
int p[8]={11, 12, 13,14, 15, 16, 17, 18}, i=0, j=0;
while (i++<7)
    if(p[i]%2)
        j += p[i];
printf("%d\n", j);
```

输出结果为（   ）。

A. 45   B. 42   C. 56   D. 60

（17）以下能正确定义二维数组的是（   ）。

A. int a[][3];   B. int a[][3]={3*3};

C. int a[][3]={};   D. int a[2][3]={{1},{2,3},{0}};

（18）以下程序段的输出结果是（   ）。

```
int a[][3]={1,2,3,4,5}, i;
for(i=0; i<3; i++)
    if(i<2)
```

```
        a[1][i] = a[1][i]−1;
    else
        a[1][i] = 1;
    printf("%d\n", a[0][1]+a[1][1]+a[1][2] );
```

    A. 6　　　　　　B. 7　　　　　　C. 8　　　　　　D. 9

（19）若有以下程序段：

```
int a[ ]={3, 1, 2, 0, 4}, i, j, t;
for(i=1; i<5; i++)
{
        t = a[i];
        j = i−1;
        while(j>=0 && t>a[j])
        {
                a[j+1]=a[j];
                j−−;
        }
        a[j+1] = t;     //确省此语句可以吗？
}
```

该程序段的功能是（　　）。

    A. 对数组 a 进行插入排序（升序）B. 对数组 a 进行选择排序（升序）

    C. 对数组 a 进行插入排序（降序）D. 对数组 a 进行选择排序（降序）

（20）以下程序段给数组所有元素输入数据：

```
int a[10], i=0;
while(i<10)
    scanf("%d", ____);
    ... ...
```

应在下划线处填入的是（　　）。

    A. &a[i++]　　　　　　　　　　B. &a[i+1]

    C. a+i　　　　　　　　　　　　D. &a[++i]

2. 填空题

（1）执行以下程序且输入是"abc"时，输出的结果是（　　）。

```
#include <stdio.h>
#include <string.h>
int main( )
{
        char str[10]="12345";
        strcat(str, "6789");
        gets(str);
        printf("%s\n", str);
        return 0;
```

```
}
```

（2）以下的程序的输出结果是（　　）。

```c
#include <stdio.h>
void main( )
{
    int a[ ]={1,2,3,4,5,6,7,8,9,10};
    int m, s, i;
    float x;
    for(m=s=i=0; i<=9; i++)
    {
        if(a[i]%2!=0)
            continue;
        s+=a[i];
        m++;
    }
        if(m!=0)
            x = s/m;
        printf("%d, %f", m, x);
}
```

（3）以下程序在数组 a 中查找某个数。请补全程序：

```c
#include <stdio.h>
int main( )
{
        int a[]={12, 43, 55, 98, 57, 29, 82, 61};
        int i, x;
        scanf("%d", &x);
        for(i=0; i<8; i++)
            if(x == a[i])
            {
                printf("Found!\n");
                ___①___;
            }
        if(___②___)
            printf("Can't found!\n");

        return 0;
}
```

（4）以下程序将两个已按升序排列的数组合并成一个升序数组。请补全程序：

```c
#include <stdio.h>
int main( )
```

```c
{
        int a[4]={4, 7, 38, 47};
        int b[6]={1, 5, 13, 27, 40, 85};
        int c[10], i=0, j=0, k=0;

        while(i<4 && j<6)
            if(   ①   )
                c[k++] = b[j++];
            else
                c[k++] = a[i++];
        while(   ②   )
            c[k++] = a[i++];
        while(   ③   )
            c[k++] = b[j++];
        for(i=0; i<k; i++)
            printf("%3d", c[i]);
        return 0;
}
```

（5）以下程序在一个字符数组中查找一个指定的字符，若找到该字符，则输出该字符在数组中首次出现的位置下标；否则输出-1。请补全程序：

```c
#include <stdio.h>
#include <string.h>
int main( )
{
        char c = 'a', t[5];
        int n, i, j = -1;
        gets(t);
        n =    ①    ;
        for(i=0; i<n; i++)
            if(   ②   )
            {
                j = i;
                break;
            }
        printf("%d\n", j);
}
```

（6）下面程序的运行结果（　　）

```c
#include <stdio.h>
int main( )
{
```

```
        int s[12] ={1,2,3,4,4,3,2,1,1,1,2,3}, c[5]={0}, i;
        for(i=0; i<12; i++)
            c[s[i]]++;
        for(i=1; i<5; i++)
            printf("%d ", c[i]);
        printf("\n");
        return 0;
}
```

（7）下面程序的统计从键盘输入的字符中的大写字母个数，num[0]中统计字母 A 的个数，num[1]中统计字母 B 的个数，依此类推，用#结束输入。请补全程序：

```
#include <stdio.h>
#include<string.h>
#include<ctype.h>
int main( )
{
        int i, num[26]={0};
        char c;
        while( (___①___) != '#')        //从屏幕能看到输入的字符
            if(isupper(c))
                num[c-'A'] += ___②___;
        for(i=0; i<26; i++)
            printf("%c:%d\n", i+'A', num[i]);
}
```

（8）阅读下面程序并写出运行结果(   )。

```
#include <stdio.h>
#include <string.h>
int main( )
{
        char p[20]={'a', 'b', 'c', 'd'}, q[ ]= "abc", r[ ]= "abcd";
        strcat(p, r);
        strcpy(strlen(q)+p, q);
        printf("%d\n", sizeof(p));
        return 0;
}
```

（9）以下程序的功能是将字符串 a 中下标值为偶数的元素从小到大排序，其他元素保持不变。请补全程序：

```
#include <stdio.h>
#include <string.h>
int main()
{
```

```
        int i, j, k, t;
        char s[ ]="9k8+7J5F4D";
        k=(strlen(s)-1)/2*2;
        for(i=0; i<k; i+=2)
            for(j=i+2; j<=k;____①____ )
                if(  ____②____ )
                {
                    t = s[i];
                    s[i]=s[j];
                    s[j]=t;
                }
        puts(s);
        return 0;
}
```

（10）假设当年的年产值为 100，当产值的增长率分别为 6%、8%、10%、12%时，求产值分别经过多少年可实现翻番。请补全程序：

```
#include <stdio.h>
int main()
{
        int y[4], i;
        float s[4]={100, 100, 100, 100};
        float c[4]={0.06, 0.08, 0.1, 0.12};
        for(i=0; i<4; i++)
        {
            y[i]=0;
            while(  ____①____  )
            {
                s[i] *=(1+c[i]);
                (  ____②____ );
            }
            printf("\ny=%d\ts=%.2f\tc=%.2f", y[i], s[i], c[i]);
        }
        return 0;
}
```

3. 编程题

（1）编写程序，找出数组元素中的最小值。为了增强程序的通用性，数组元素的值由键盘输入。

（2）编写程序，求一维数组元素的平均值和与平均值之差绝对值最小的元素。

（3）编写程序，求出 3～100 之间的所有素数。

（4）编写程序，对输入的一行字符，统计其中有多少个单词，单词之间用空格隔开。

第 5 章　函数

本章导读

- 知识点介绍
- 函数的调用与参数传递实习
- 变量的作用域实习
- 函数的递归与嵌套实习
- 思考练习与测试

5.1　知识点介绍

在较大的 C 语言程序设计中，往往采用模块化程序设计思想。

先将功能分为若干子功能，子功能再分解出更小的子功能，直到可以解决为止，再将这些功能组合在一起，形成一个完整的程序。这就是模块化程序设计思想。

函数是 C 语言程序的基本模块，通过对模块的调用实现特定的功能。可以说 C 语言程序的全部工作都是由各式各样的函数完成的。所以把 C 语言称为函数式语言。

5.1.1　函数

函数分为库函数和用户自定义函数两种。

1. 库函数

由系统提供，无须用户定义。只需在程序前包含有该函数原型的标题文件（头文件），即可在程序中直接调用。

例如，标准输出函数 printf() 和输入函数 scanf() 的原型包含在头文件 stdio.h 中。三角函数 sin()、平方根函数 sqrt() 等数学函数的原型包含在头文件 math.h 中。字符串长度函数 strlen()、字符串拷贝函数 strcpy()、字符串比较函数 strcmp() 等字符串处理函数的原型包含在头文件 string.h 中等。

（1）include 命令行

调用 C 语言标准库函数时要求包含 include 命令行。对一类库函数，用户在源程序 include 命令行中应该包含相应的头文件。

include 命令行必须以"#"符号开头，系统提供的头文件以".h"作为文件的后缀，头文件名用一对尖括号<>或一对双引号""括起来。

include 命令行是 C 语言的预处理指令，所以不用在语句的结尾加";"。

例如：

#include <stdio.h>

（2）标准库函数的调用

对标准库函数的一般调用格式如下：

库函数名(参数表)

调用库函数的两种形式如下：

① 出现在表达式中。

② 作为独立的语句完成某种操作。

2. 用户自定义函数

自定义函数是为满足用户的需要功能而专门编写的。本章所述函数定义就是指用户自定义函数。

5.1.2　函数参数及返回值

1. 函数参数

函数的参数分为形式参数（形参）和实际参数（实参）。形参用变量表示，出现在函数定义中。实参用常量或已经赋值的变量或能计算出结果的表达式表示，出现在主调函数中。形式参数只是形式上占一个位置，没有具体的值，只有在调用该函数时，才由实际参数给它传递具体的值，形参与实参的功能是作数据传递。

（1）函数定义

函数定义的一般形式如下：

[函数存储类型]　函数返回值类型　函数名(类型名　形式参数 1,…, 类型名　形式参数 n)

```
{
    函数体
}
```

说明：

① 函数的存储类型有以下两种类型：

● extern 类型　说明该函数能被其他程序文件中的函数调用，该类型是默认存储类型。

● static 类型　说明该函数只允许被所在程序文件的其他函数调用。

② 函数的返回值类型有 int、char、float、void 等。若在函数定义时省略了函数返回值类型，则系统默认函数返回值的类型为"int"；若函数只是用于完成某些操作，没有函数值返回，则必须把函数定义成 void 类型。

③ 函数名和形参都是由用户命名的标识符。在同一程序中，函数名必须唯一，形参名只要在同一个函数中唯一即可，与其他函数中的变量可以同名。

④ 形式参数的类型与变量的类型相同。形式参数可以有零个、一个或多个。当形参为零个时称为无参函数，形参为一个或多个时称为有参函数。

⑤ 函数体也称为语句序列。一般函数的函数体含有一条或多条语句，只有空函数的函数体不含任何语句。

⑥ 不能在函数体内再定义函数。

⑦ 在 C 语言程序中，一个函数的定义可以放在任意位置。既可以放在主函数 main 之前，也可以放在主函数 main 之后。

（2）函数的声明和调用

① 函数声明

函数在调用之前需要在调用函数中先声明。对函数进行声明，能够使 C 语言的编译程序在编译时进行有效的类型检查，以防止可能出现的错误。

函数声明的两种形式如下：

类型名　函数名(参数类型 1, 参数类型 2, …) ;

类型名　函数名(参数类型 1 参数名 1, 参数类型 2 参数名 2, …) ;

说明：

● 函数声明语句中的类型名必须与函数返回值的类型一致。

● 函数声明语句可以是一条独立的语句，也可以与普通变量一起出现在同一个类型的定义语句中。

例如：

int add(int, int);　　　//函数的声明是一条独立的语句

int x, y, add(int, int);　//函数的声明与普通变量在一起

在程序设计中，经常将函数声明作为一条独立的语句出现在调用函数中。例如，在下面程序段的 main 函数中，使用一条独立的语句对 max 函数进行声明。

```
……
int max(int x, int y )
{
    if(x<y) return y;
    else return x;
}
int main( )
{
    int max( int, int );     //max 函数的声明也可以为 int max( int x, int y );
    int a, b, c;
    printf("请输入变量 a 与 b 的值：\n");
    scanf("%d%d", &a, &b );
    c=max(a,b);
    printf("变量 a 与 b 的最大值为：%d\n", c );
}
    ……
```

● 函数声明的位置

函数声明可以放在所有函数定义之前，此时被声明的函数在这个 C 语言程序文件的任何函数中都能被调用。

函数声明也可以放在调用函数的内部说明部分。此时被声明的函数只能在调用函数的内部被调用，在调用函数的外部不能被调用。

● C 语言规定有以下两种情况，可以在调用函数中省略对被调用函数的声明。

如果被调用函数的定义出现在调用函数之前，则在调用函数中可以省略对被调用函数的声明。例如，在上例的 main 函数中，可以省略对 max 函数的声明。

如果被调用的函数的返回值是整型或字符型时，则可对被调用函数直接调用，而不需要对被调用函数进行声明。这时系统虽然会在编译时给出警告信息但是连接会正常进行，

程序运行时系统将自动对被调用函数返回值按整型处理。

② 函数的调用

调用函数的形式如下：

函数名(实参表列)

在实参表列中，多个实参之间要用逗号隔开，实参的个数、顺序、类型与对应形参的个数、顺序、类型一致。若调用无参函数，函数名后的括号不可省略。

按函数在程序中出现的位置来分，可以有以下三种函数调用方式：

● 函数表达式。调用的函数用于求值时，调用函数出现在一个表达式中，这种表达式称为函数表达式。这时要求函数带回一个确定的值以参加表达式的运算。

例如：

c=2*max(a,b);

函数 max 是表达式的一部分，它的值乘 2 再赋给 c。

● 函数参数。调用的函数作为一个函数的实参，这种实参称为函数参数。

例如：

s=sum(a, max(c,d));

其中 max(c,d)是一次函数调用，它的值作为函数 sum 调用的实参。s 的值是 a 与函数 max 值作为实参的 sum 函数的返回值。

说明：函数参数的调用方式，实质上也是"函数表达式"调用方式中的一种，因为函数的实参本来就可以是表达式形式。

● 函数语句。函数仅可进行某些操作而不返回函数值，这时调用的函数可以作为一个独立的语句。

例如：

```
#include<stdio.h>
void printstar( )     // printstar 函数
  {
      printf("* * * * * * * * * * * * * *\n");
  }
void printmessage( )   // printmessage 函数
  {
      printf("   How are you!\n");
  }
void main( )
  {
      printstar( );        //调用 printstar 函数作为独立的语句
      printmessage( );     //调用 printmessage 函数作为独立的语句
      printstar( );        //调用 printstar 函数作为独立的语句
  }
```

把调用的函数作为一个语句时，不要求函数带回值，只要求函数完成一定的操作。

③ 函数调用时的语法要求

函数调用时有以下 4 种语法要求：

- 调用函数时，函数名必须与所调用的函数名字完全相同。
- 实参的个数、顺序、类型必须与形参的个数、顺序、类型一致。如果类型不匹配 C 语言编译系统按赋值兼容的规则进行转换。
- 函数必须先定义后调用。
- 函数可以直接或间接的调用自己，称为递归调用。

2. 函数返回值

函数运行结束后，要返回到主调函数中。

函数有返回值时，该值通过 return 语句返回一个值，形式如下：

return 表达式；　或　return(表达式)；

说明：

① return 语句中的表达式的值，就是所求的函数值。此表达式值的类型必须与函数首部所说明的类型一致。若类型不同，系统将自动转换为函数首部说明的类型。每个函数至多可以返回一个值，但可以有多条 return 语句。

② return 语句中也可以不含表达式，但此时必须将函数定义为 void 类型。这时，return 语句的作用只是将程序的流程返回到调用函数，并没有确定的函数值带回。

③ 函数体内可以没有 return 语句，但此时也必须定义函数为 void 类型。这时，程序的流程就一直执行到函数末尾，然后返回到调用函数，也没有确定的函数值带回。

④ "函数返回值" 与 "函数返回" 是两个不同的概念。前者是指非 void 类型函数，被调用后，带回到调用函数中的结果；后者表明，被调用函数执行完毕后，必定要返回调用函数。

3. 函数间的参数传递

C 语言中参数传递均采用单向值传递，即将实参的值复制到形参中。但被复制的值可能是变量、数组元素或表达式的值，也可能是地址值。这样在 C 语言程序中调用有参函数时，参数传递的方式就有值传递和地址传递两种方式。

（1）值传递方式

值传递方式的特点是调用函数将实参数据复制到被调用函数对应的形参中，数据传递是单向的，即只有实参传给形参，而不能由形参传回来给实参。

在执行一个被调用函数过程时，形参的值如果发生改变，并不会改变调用函数中实参的值。形参的值不会使对应的实参数据发生变化。当形参是变量时，而实参是对应类型的变量或数组元素或表达式时，将采用值传递的方式传递数据。

（2）地址传递方式

地址传递方式的特点是调用函数将实参的地址复制到被调用函数对应的形参中，对形参的操作实际上是直接引用实参所有存储单元，形参值的改变会导致实参值的相应变化。例如：

scanf("%d", &x);

这里的 "&" 运算符是求变量 x 的地址，&x 作为实参，其作用是将从键盘输入的值写入系统为变量 x 分配的内存单元里。

当形参是数组名或指向数组的指针时（将在第 6 章介绍指针），实参是对应类型的地址、指针、数组名、函数名或函数指针时，将采用地址传递方式传递数据。

调用无参函数时，不发生参数传递。

5.1.3 变量作用域、生存期

1. 变量作用域

变量的有效范围称为变量作用域。在变量作用域内，可以对其进行存取。按变量作用域，将变量分为全局变量和局部变量。

（1）全局变量

在 C 语言中，程序的编译单位是程序文件，一个源文件可以包含一个或多个函数。在所有函数外部定义的变量称为外部变量，也是全局变量。全局变量可以为源文件中其他函数所共用，其作用域是从定义位置到所在源文件结束。

全局变量的作用是增加函数间数据联系的渠道。

可以利用全局变量在函数间传递数据。当一个函数改变了该全局变量的值时，那么其他函数内部的同名全局变量值，也将随之改变。

（2）局部变量

在一个函数内部定义的变量称为局部变量。它只在本函数内有效，也就是说只有在本函数内才能使用它们。在此函数之外不能使用。

在函数内部复合语句内定义的变量都是局部变量，只在本复合语句中有效。

函数的形参是局部变量，只在本函数内有效。

不同函数中可以使用相同名字的局部变量，它们代表不同的对象，在内存中存储的位置也不同，互不干扰。

如果在一个源文件中全局变量和局部变量同名，则在局部变量的作用范围内，全局变量不起作用，而局部变量起作用。

2. 变量生存期

变量的存在时间，称为变量生存期。

（1）局部变量的作用域与生存期

① auto 变量

函数中的局部变量，如果不专门声明为 static 存储类别，都是动态地分配存储空间的。在调用该函数时系统会给它们分配存储空间，在函数调用结束时就自动地释放这些存储空间，数据存储在动态存储区中。这类局部变量称为自动变量。自动变量用关键字 auto 做存储类别的声明。

例如：

……

```
float adv(float x, float y)   // 定义 adv 函数，x 与 y 为参数
{
    auto float z=8;   // 定义 z 为自动变量
    ……
}
```

……

这里 x 和 y 是形参，z 是自动变量，其初始值为 8。执行完 adv 函数后，自动释放 x、y、z 所占的存储单元。

另外，关键字 auto 可以省略，不写 auto 时隐含定义为自动存储类型。

② register 变量

为了提高效率, 可以将局部变量存放在 CPU 中的寄存器中, 称这样的变量为寄存器变量, 用关键字 register 声明。

例如:

下面是使用寄存器变量来实现求阶乘功能的函数。

```
int jc(int n)
{
    register int i, f=1;
    for(i=1; i<=n; i++)
        f=f*i ;
    return f ;
}
```

说明:

● 只有自动变量和形式参数才可以声明为寄存器变量, 静态局部变量不能声明为寄存器变量。

● 因为一个计算机系统中的寄存器数量有限, 所以不能定义任意多个寄存器变量。

③ 静态存储类的局部变量

如果局部变量的值在函数调用结束后不消失而保留原值, 就需要将这样的局部变量声明为静态局部变量, 用关键字 static 进行声明。

例如: 用下面程序段来说明静态局部变量的使用。

```
……
int fun(int x)
{
    auto y=0;
    static z=3;
    y=y+1;
    z=z+1;
    return (x+y+z);
}
main()
{
    int i, x=2;
    for(i=0; i<3; i++)
        printf("%d", fun(x));
}
……
```

在这段程序中, 因为 z 被定义为静态变量, 所以在调用 fun 函数后 z 的改变并不被释放。z 的值会被带入下一次函数 fun 的调用中。即第一次调用时 z=1, 第二次调用 z=4, 第三次调用 z=5。y 为自动变量, 每次调用后会释放存储空间所以每次调用 y 的值均为 0。

说明:

● 静态局部变量属于静态存储类别, 在整个程序运行期间都不释放; 动态局部变量属于动态存储类别，只在其定义的函数内有效，函数调用结束时就被释放，其值不保存。

● 静态局部变量在编译时赋初值，即只赋初值一次；动态局部变量每调用一次函数就重新赋初值一次。

● 如果在定义静态局部变量时不赋初值，则编译系统对静态数值型局部变量自动赋 0 值，对静态字符型局部变量自动赋空值；如果在定义动态局部变量时不赋初值，则编译系统视动态局部变量的值是一个不确定的值。

（2）全局变量的作用域与生存期

① 全局变量的作用域与生存期

由于全局变量是在所有函数的外部任意位置定义的，所以其作用域是从其定义的位置开始一直到整个源程序文件结束为止。

全局变量的使用相当于为函数之间的数据传递另外开辟了一条通道。

全局变量的生存期是整个程序的运行期间。

若全局变量和某个函数中的局部变量同名，在该函数中，此全局变量被屏蔽，在该函数内，访问的是局部变量。与同名的全局变量不发生任何关系。

② 在同一编译单位内用 extern 说明符扩展全局变量的作用域

如果全局变量定义在后，而引用它的函数在前时，应该在引用它的函数内部用 extern 对此全局变量进行说明，以便通知编译程序：该变量是一个已在函数外部定义的全局变量，已经分配了存储单元，不需要再为它另外开辟存储单元。这时，作用域从 extern 说明处开始，延伸到该函数末尾。

③ 在不同编译单位内用 extern 说明符扩展全局变量的作用域

当一个程序由多个编译单位组成，并且在每个文件中均需要引用同一全局变量，这时若在每个文件中都定义了一个所需要的同名全局变量，则在连接时将会产生重复定义错误。在这种情况下，单独编译每个文件时无异常，编译程序将按定义分别为它们开辟存储空间，而当进行连接时，就会显示出错信息，指出同一个变量名进行了重复定义。解决的办法是：在其中的一个文件中定义所有的全局变量，而在其他用到这些全局变量的文件中用 extern 对这些变量进行说明，声明这些变量已在其他编译单位中定义，通知编译程序不必为它们开辟存储单元。

④ 静态全局变量

当用 static 说明全局变量时，称此变量为静态全局变量。静态全局变量仅限于在本编译单位使用，不能被其他编译单位所引用。

5.1.4 函数嵌套和递归调用

1. 函数嵌套

在一个或多个函数里调用其他的函数，称为函数嵌套调用。就好像一个函数里面"嵌"入了另一个函数，一个函数外面"套"了另一个函数一样。

2. 函数递归

一个函数直接或间接地调用自己，称为函数递归调用。实现递归调用的函数称为递归函数。

（1）递归程序的特点

一个问题可以转化为新问题，新问题与原问题具有相同的解法。问题的转化有明显的规律，本质上是一种循环。同时，递归要有明确的终止条件。否则会出现无休止的递归。

（2）递归调用过程的两个阶段

①回推阶段

将问题一步一步转化成另一个问题，直到递归结束条件成立时为止。

②递推阶段

从递归结束条件开始，一步一步推算结果，直到原问题出现时为止。

（3）设计递归程序的两个步骤

①确定递归终止的条件；

②确定将一个问题转化为另一个问题的规律。

在执行递归程序的过程中，每次都调用递归函数自身。此时，形参变量名相同，与形参对应的实参值不同。调用完成后，函数返回值被压入"堆栈"保存。因此，在不同的调用中，返回值是不会相互混淆的。

5.2　实习一　函数调用与参数传递

5.2.1　实习目的

1. 理解有关概念，如函数定义、函数调用、形参、实参、单向传值等。

2. 学习函数调用方法。

5.2.2　实习内容

1. 下面程序中函数 f1()的功能是输出 18 个减号"-"。在主函数中调用该函数输出下面结果。

```
------------------------
    How do you do!
------------------------
```

请填空。

```
# include <stdio.h>
void f1( )
{
    printf("------------------------\n");
}

void main( )
{
    _____ ;
    _____ ;
    _____ ;
}
```

提示与分析：

在主函数中调用两次 f1( )

2. 下面程序中函数 ch(char c)的功能是判断一个字符是否为英文字母，若是返回 "Y"，否则返回 "N"。程序对随机输入的 3 个字符判断是否为英文字母。请找出程序中的错误并改正。

参考程序：

```c
# include   <stdio.h>
char ch(char c)
{
    if((c>='a' && c<='z')||(c>='A' && c<='Z'))
            return 'Y';     //函数返回值
    else
            return 'N';
}

void main()
{
    char c,c1;
    int i;
    for(i=1;i<4;i++)
    {
      printf("输入第%d 个字符：\n",i);
      scanf("%c",&c);   //输入流为"单字符、回车符"，c 接受单字符
      c1=getchar();
      printf("判断结果为：%c\n", ch( ) );
    }
}
```

提示与分析：

① 函数 ch 的函数体中用 "c>='a' && c<='z')||(c>='A' && c<='Z'" 判断参数 c 是否为字母。

② 在主函数中用循环语句控制随机输入的字母时，每次循环用 scanf 输入一个字母并按回车键。此时，输入的为"字母、回车符"，其中的回车符会引起下一次循环输入的错误。为了避免这种错误，在 scanf 语句后用语句 "c1=getchar();"使回车符赋给字符变量 c1。

3. 下面程序的功能是比较使用值传递和地址传递实现两个数交换的函数的区别。请填空。

参考程序：

```c
#include <stdio.h>
void noswap(int a,int b)
{
    int t;
    t=a; a=b; b=t;
```

```
}
void swap(int &a,int &b)
{
    int t;
    t=a; a=b; b=t;
}
void main()
{
    int x=20;
    int y=30;
    _____  ;
    printf("值传递的 x=%d,y=%d\n",x,y);
    _____;
    printf("地址传递的 x=%d,y=%d\n",x,y);
}
```

提示与分析：

① 使用值传递的 noswap(int a, int b)函数，实现两个数的交换。在主函数中调用该函数，并传入两个实参。值传递相当于将实参复制到形参中，函数在执行过程中，虽然形参值发生了变化，但是实参保持原值不变。

② 使用地址传递的 swap(int &a, int &b)函数，实现两个数的交换。在主函数中调用该函数，并传入两个实参，形参相当于两个实参的别名。函数执行过程中，形参的值发生了变化，相应的实参值也发生变化。

4. 编写计算两个实数商的函数 fun( )。并计算从键盘输入的两个数的商。

提示与分析：

① 计算两个实数商的函数 fun( )要使用 return 语句返回商值。

② 主函数中要使用输入函数 scanf 随机从键盘上输入两个实数。

5. 编写一个计算阶乘 "x!" 的函数，然后调用该函数，计算从 m 个元素中取出 n 个元素的排列数 Amn=m!/(m−n)!。

提示与分析：

① 函数 factorial 通过传递参数 x 用循环语句计算出 x!的值，并用 return 语句返回该值。

② 主函数中使用 scanf 函数，随机输入整型变量 m，n 的值(m>n)。再分别将 m 和 m−n 作为实参调用函数 factorial 并计算出从 m 个元素中取出 n 个元素的排列值。最后输出排列结果。

5.3　实习二　变量的作用域

5.3.1　实习目的

1. 明确函数说明的概念及用法。

2. 掌握数组作函数参数的使用方法。

3. 掌握局部变量和全局变量的使用方法。

5.3.2 实习内容

1. 请找出下面程序中的错误，修改正确并运行该程序。

```c
#include <stdio.h>
void main()
{
    float x, y;
    scanf("%f, %f", &x, &y);
    printf("%f\n", f1( ));
}


float f1(float a, float b)
{   return a*b; }
```

提示与分析：

考虑"函数说明"的使用条件及函数的调用格式。

2. 下面程序的功能是使用函数调用，对输入的学生某一门课程的成绩，求平均成绩和最高分。请填空。

```c
#include <stdio.h>
float avg(float score[],int m)    //定义计算平均分函数 avg
{
    int i;
    float sum=0,average;
    for(i=0;i<m;i++)
        sum=sum+score[i];
    average=sum/m;

    _____

}


float max(float score[],int m)      //定义计算最高分函数 max
{
    int i;
    float a=score[0];
    for(i=0;i<m;i++)
        if(score[i]>a)
            a=score[i] ;

    _____

}
void main()
{
    int i;
```

```
const int N=5;   //符号常量 N 表示学生人数
float score[N];
printf("请输入每个学生的成绩：\n");
for(i=0;i<N;i++)
    scanf("%f",&score[i]);
printf("学生的平均成绩：%f\n", _____ );
printf("学生的最高分：%f\n", _____ );
}
```

提示与分析：

① 程序中使用一维数组 score 存放每个学生某门课程的成绩，计算该课程的平均分函数 avg 和最高分函数 max 都可以使用一维数组 score 做形参。

② 考虑调用数组做形参的函数时，需要的实参是什么？

3. 下面的程序中，定义了同名的全局变量 a 和局部变量 a，并在主函数、函数及语句块中使用它们。试比较局部变量和全部变量的作用范围，请在标有注释符"//"的位置填写变量 a 是全局变量还是局部变量，若是局部变量要注明作用范围的注释内容。

```
#include <stdio.h>
int a=25;   // _____
void fun()
{
    printf("变量 a 的值为：%d\n",a);
}
void main()
{
    int a=1;   // _____
    printf("变量 a 的值为：%d\n",a);
    if(a>0)
    {
        int a=15;   // _____
        printf("变量 a 的值为：%d\n",a);
        a++;
    }
    a++;
    printf("变量 a 的值为：%d\n",a);
    fun();
}
```

提示与分析：

① 在所有函数的外部定义的变量为全局变量。全局变量的作用范围是从定义变量的位置开始到源程序文件结束。并且全局变量和局部变量同名时，在局部变量的作用范围内，全局变量将被屏蔽。

② 在一个函数的内部定义的变量为局部变量。只在函数内部有效。如果又在该函数内部的某个语句块中定义了同名的局部变量，这个变量就只在该语句块中有效，并且屏蔽了同名的其他地方定义的局部变量和同名的全部变量。

4. 写出下面程序的运行结果，然后上机验证。

```c
# include <stdio.h>
int f3(int a)
{
    static int c=5;      //c 为静态变量，在整个程序运行阶段都有效
    c=c+6;
    return a+c;
}
void main()
{
int b=1, i;
    for(i=0; i<2; i++)
        printf("%5d", f3(b));    //参数传递为值传递
    printf("\n");
 }
```

5. 编写程序，该程序中含有一个计算 1+3+5+⋯+(2×n−1)值的函数（其中 n 为形式参数），在主函数中调用该函数计算若干个奇数之和。

提示与分析：

① 假设用 int n 作为计算奇数和函数 oddsum 的形参。在函数体中用循环语句计算前 n 项奇数之和，并用 return 语句返回。

② 在主函数中，要定义两个整型变量。其中一个作为调用函数 oddsum 时的实参，另一个将存放函数 oddsum 的返回值。

5.4　实习三　函数的递归与嵌套

5.4.1　实习目的
1. 进一步明确函数在程序设计中的重要作用，掌握利用函数编写程序的方法。
2. 学习函数的嵌套及递归等知识。
5.4.2　实习内容
1. 编写一个用字符数组作为形参的函数 statistics，该函数的功能是统计并输出字符串中大写字母的个数。并编写程序调用该函数，对随机输入的字符串统计所包含的大写字母个数。

```c
# include <stdio.h>
# include <string.h>
void statistics(char str[])   //统计字符串中大写字母的个数函数
{
```

```
}
void main()
{
    char s[80];
    printf("请输入字符串 s: \n");
    gets(s);        // 例如，输入 Windows XP
    statistics(s);
}
```

提示与分析：

① 用字符数组 str[]，作为统计大写字母个数的函数形参。在该函数的函数体中，需要定义两个整型变量。其中的一个将作为循环变量，另一个的初始值为 0，将用来存放大写字母的个数。函数体中使用循环语句，用来统计数组中存放的大写字母个数（当数组的元素值介于 'A' 与 'Z' 之间时该元素值为大写字母）。

② 在主函数中定义了字符数组 s，并使用了库函数 gets()随机输入字符串并将字符串存入到数组 s 中。用该数组名字作为实参调用函数 statistics。

③ 库函数 gets()包含在 string.h 的内部。

2. 已知计算 x 的 n 次幂的函数如下：

```
int power(int x, int n)
{
    int p=1;
    while(n>0)
    {
        p=p*x;
        n--;
    }
    return p;
}
```

编写调用该函数，计算 2 的 5 次幂的程序。

提示与分析：

① 因为函数 power 的形参为两个整型变量，所以采用值传递方式调用该函数的两个实参的类型、顺序要与形参一致。函数 power 中的 return 语句，将该函数值返回到主函数中。

② 编写的主函数中，需要定义两个整型变量，并分别赋初值 2 和 5。调用函数 power 时，要用它们作为实参将 2 传递给形参 x，将 5 传递给形参 n。主函数中用 "printf( );" 输出函数 power 的返回值。

③ 如果主函数位于函数 power 的上方，则在主函数中还应有函数 power 的说明语句。

3. 编写 fun 函数，其功能是计算一个矩阵主对角线元素的和。调用该函数计算并输出已知矩阵的主对角线元素和。

```
#include <stdio.h>
#define N 3
void main()
```

```
{
    int matrix[N][N]={8, 4, 3,-9, 2, 10, 7, 8, 1};     //3 行 3 列矩阵
    int fun( int a[N][N]);                    //函数说明
    printf("sum=%d\n", fun(matrix) );
}
int fun(int a[N][N])
{


}
```

提示与分析：

函数 fun 的形参是整型二维数组，函数体内定义两个整型变量：一个标识循环语句中的循环变量，另一个标识矩阵主对角线元素的和。使用循环语句计算矩阵主对角线上元素值的和并用 return 语句返回函数值。

4. 用递归方法编写函数 sum()，其功能是返回前 n 个自然数的和。并编写程序使用该函数输出前 n 个自然数的和。

提示与分析：

① 在调用一个函数的过程中又出现直接或间接地调用该函数本身，称为函数的递归调用。一个递归的问题可以分为"回推"和"递推"两个阶段。

② 本问题是在调用函数 sum 的过程中直接调用函数 sum 本身。其第一阶段"回推"，是将计算前 n 个自然数的和表示为计算前 n-1 个自然数和的函数（sun(n)=n+sum(n-1)），而前 n-1 个自然数和仍然不知道，还要"回推"到计算前 n-2 个自然数和……，直到计算前 1 个自然数的和。此时，sum(1)已知为 1，不必再向前推了。然后开始第二阶段"递推"，采用递推方法，从前 1 个自然数的和为 1 推算出前 2 个自然数的和为 3，从前 2 个自然数和为 3 推算出前 3 个自然数的和为 6……，一直推算出前 n 个自然数的和为止。

③ 通常的一个递归过程不是无限制进行下去，必须具有一个结束递归过程的条件，本问题的前 1 个自然数的和 sum(1)=1，就是使递归结束的条件。

④ 在主函数体内，用"scanf();"随机从键盘给正整数 n 赋值，该语句后，用 n 作为调用函数 sum 的实参。

5. 楼梯有 n 阶台阶，上楼可以一步上 1 阶，也可以一步上 2 阶，用调用函数的方法编写程序，计算共有多少不同的走法。

提示与分析：

① 有 1 阶台阶时，只有 1 种走法：一步上 1 阶。

有 2 阶台阶时，有 2 种走法：一步上 1 阶；一步上 2 阶。

……

② 有 n 阶台阶时，有 f(n)种走法，可以分两种情况：

● 最后 1 步是迈 1 阶，那么前 n-1 阶的走法数是 f(n-1)。

● 最后 1 步是迈 2 阶，那么前 n-2 阶的走法数是 f(n-2)。得到如下的递推公式：

$$f(n)=\begin{cases} 1 & n=1 \\ 2 & n=2 \\ f(n-1)+f(n-2) & n>2 \end{cases}$$

③ 可以编写递归函数来实现。该函数的形参为整型变量，函数体内使用分支语句。

5.5　思考练习与测试

一、思考题

1. 函数声明的作用是什么？

2. 做函数调用时需要注意什么？

3. 递归与循环的相同与不同是什么？

4. 函数的传值调用和传地址调用的区别是什么？

二、练习题

1. 选择题

（1）在 C 语言中，函数返回值的类型取决于（　　）。

　　A．函数定义时在函数首部所说明的函数类型

　　B．return 语句中表达式值的类型

　　C．调用函数时主调函数所传递的实参类型

　　D．函数定义时形参的类型

（2）若函数调用时的实参为变量时，以下关于函数形参和实参的叙述中正确的是（　　）。

　　A．函数的实参和其对应的形参共占同一存储单元

　　B．形参只是形式上的存在，不占用具体的存储单元

　　C．同名的实参和形参占同一存储单元

　　D．函数的形参和实参分别占用不同的存储单元

（3）以下对 C 语言函数描述正确的是（　　）。

　　A．调用 C 语言函数时，只能把实参的值传给形参，形参值不能传给实参

　　B．C 语言函数既可以嵌套定义又可以递归调用

　　C．函数必须有返回值，否则不能使用函数

　　D．C 语言程序中有调用关系的所有函数必须放在同一个源程序文件中

（4）在调用函数时，如果实参是简单变量，它与对应形参之间的数据传递方式是（　　）。

　　A．地址传递

　　B．单向值传递

　　C．由实参传给形参，再由形参传给实参

　　D．传递方式由用户指定

（5）若调用函数的实参是一个数组名，则被调用函数传递的是（　　）。

　　A．数组的长度　　　　　　　　　B．数组的地址

　　C．数组每一个元素的地址　　　　D．数组每个元素中的值

（6）下列各函数定义的首部中，正确的是（　　）。

 A．void fun(int, int)   B. void fun(int a, b)

 C．void fun(int a, int b)   D. fun(a as integer, b as integer)

（7）在 C 语言中，形参的缺省存储类型是（　　）。

 A．static   B. auto

 C．extern   D. register

（8）在 C 语言中，函数的缺省存储类型是（　　）。

 A．static   B. auto

 C．extern   D. 无存储类型

（9）有以下程序

```
#include<stdio.h>
int fun(int x, int y )
{
    return (x+y);
}
void main( )
{
    int a=5, b=2,c=8,s;
    s=fun(fun(a, b), c);
    printf("%d \n", s);
}
```

该程序运行结果是（　　）。

 A. 12   B. 13

 C. 14   D. 15

（10）以下程序的输出结果是（　　）。

```
#include<stdio.h>
int x, y;
void fun( )
{
  x=100; y=200;
}
void main( )
{
  int x=5, y=7;
  fun( );
  printf("%d%d\n", x, y);
}
```

 A. 100200   B. 57

 C. 200100   D. 75

2. 程序改错题

（1）以下程序中，函数 fun 的功能是根据整型形参 m，计算如下公式的值：

$$y = 1 + 1/2! + 1/3! + 1/4! + \ldots + 1/m!$$

例如：m=6，则应输出 1.718056。该程序有错误，请将程序修改正确。

```c
#include<stdio.h>
double fun(int m)
    {
    double y=1, t=1;
    int i;
    for(i=2;i<=m;i++)
    { t=t/i; y+=t; }
    return y;
    }
void main( )
    {
    int n;
    printf("Enter n: ");
    scanf("%d", &n);
    printf("\n The result is %lf\n", fun(n));
    }
```

（2）以下程序中，函数 fun 的功能是：求 1，1+2，1+2+3，…各项的值，并存在一维数组 a 中传回 main 函数。

例如：k=6，则应输出 1　3　6　10　15　21

该程序有错误，请将程序修改正确。

```c
#include<stdio.h>
void fun(int a[ ], int m)
    { int i, j, s=0;
        for(j=0,i=1; i<=m; i++,j++)
        {     s=s+i;
            a[j]=s;
        }
        j=0;
        while(a[j])
            printf("%d    ", a[j++]);
        printf("\n");
    }
void main( )
    { int a[20]={0}, k;
    printf("Enter a number: ");
    scanf("%d", &k);
```

```
                    fun(a,k);
            }
```

3. 填空题

（1）以下程序中，函数 fun 的功能是计算 $x^2 - 2x + 6$，主函数中将调用 fun 函数计算：

$$y1 = (x+8)^2 - 2(x+8) + 6$$

$$y2 = \sin^2(x) - 2\sin(x) + 6$$

请填空。

```
        #include<stdio.h>
        #include<math.h>
        double fun(double x)
          {
              return(x*x-2*x+6);
          }
        void main( )
          { double x, y1, y2;
            double fun(double x):
            printf("Enter x: ");
            scanf("%lf", &x);
            y1=fun(____①____);
            y2=fun(____②____);
            printf("y1=%lf, y2=%lf\n", y1, y2);
          }
```

（2）以下函数 age( )的功能是用递归方法计算学生的年龄，已知第一位学生年龄最小，为 10 岁，其余学生一个比一个大 2 岁，求第 5 位学生的年龄。 递归公式如下，请填空。

```
        age(1)=10
        age(n)=age(n-1)+2     (n>1)
      int age(int n)
        {
            int c;
            if (n= =1) c=10;
            else c=_____;
            return c;
        }
```

（3）以下定义函数 fun( )函数的功能是：在第一个循环中给数组元素依次赋值为 1，2，3，4，5，6，7，8，9，10；在第二个循环中使数组元素中的值对称折叠，变为 1，2，3，4，5，5，4，3，2，1；请填空。

```
        void fun(int a[10])
          {
            int i;
            for(i=0; i<10; i++)   ____①____=i+1;
```

```
        for(i=0;i<5;i++)        ②    =a[i];
    }
```

（4）函数 pi 的功能根据以下近似公式求 π 值，请填空。

$(\pi * \pi)/6=1+1/(2*2)+1/(3*3)+\cdots+1/(n*n)$

```
#include<math.h>
double pi (long n)
    {
        double s=0.0;
        long k;
        for(k=1, k<=n; k++)
            s=s+_____;
        return ( sqrt(6*s) );
    }
```

（5）设在 main( ) 函数中有以下定义和函数调用语句，且 fun( ) 函数为 void 型，请写出该函数的首部，要求形参名为 x。

```
void main( )
    {
        double a[10][20];
        int n;
        ……
        fun (a);
        ……
    }
```

_____

```
    {    }
```

（6）　以下程序运行结果是（　　）。

```
void fun(int x, int y, int cp, int dp)
    {
        cp=x*x+y*y;
        dp=x*x−y*y;
    }
void main( )
    {
        int a=3, b=4, c=5,d=6;
        fun(a,b,c,d);
        printf("%d, %d", c,d);
    }
```

（7）以下程序运行结果是（　　）。

```
#include<stdio.h>
void fun(int a[4])
```

```
    {
        int i,j=1;
        for(i=1;i<4;i++)
            a[i-1]=a[i];
        j++;
    }
void main( )
    {
        static int a[ ]={1,2,3,4};
        int i, j=2;
        for(i=1;i<3;i++)
            {fun(a); j++;}
        printf("%d, %d\n", a[0], j);
    }
```

（8）以下程序运行结果是（　　）。

```
#include<stdio.h>
void f( int b[])
{
    int i ;
    for(i=2; i<6; i++) b[i]*=2;
}
void main( )
{
    int a[10]={1,2,3,4,5,6,7,8,9,10}, i;
    void f(int b[]);
    f(a);
    for(i=0; i<10; i++) printf("%d",a[i]);
}
```

（9）以下程序的运行结果（　　）。

```
#include<stdio.h>
int fun( int x, int y)
{
    static int m=0, i=2;
    i+=m+1; m=i+x+y;
    return m;
}
void main( )
{
    int j=1, m=1, k;
    int fun( int , int);
```

```
        k=fun(j,m);    printf("%d, ", k);
        k=fun(j,m);    printf("%d\n", k);
    }
```

（10）以下程序的运行结果（　　）。

```
    int fun(int x)
    {
    int p;
    if(x==0||x==1)      return(3);
    p=x-fun(x-2);
    return p;
    }
    void main( )
    {
    int fun(int x);
    printf("%d\n", fun(7));
    }
```

4. 编程题

（1）编写一个函数 prime( )，其功能是判断输入的整数是否为素数。

（2）编写一个函数 change( )，其功能是将字符串中小写字母转换成大写字母，其他字符不变。

（3）编写一个函数 array( )，其功能是求一个二维数组最大元素及其行下标和列下标。要求二维数组名做实参，主函数输入二维数组元素的值，array 函数返回最大元素值及其行下标和列下标。

（4）用递归方法求 $y=x^n$ 。递归公式：

$$y=\begin{cases} 1 & (n=0) \\ x*x^{n-1} & (n>0) \end{cases}$$

请编写函数。

三、测试题

1. 选择题

（1）C 语言程序是由函数组成的，以下说法正确的是（　　）。

　　A. 主函数必须在其他函数之前，函数不可以嵌套定义；

　　B. 主函数的位置是任意的，函数不可以嵌套定义；

　　C. 函数可以嵌套定义，也可以嵌套调用；

　　D. 主函数标识程序的入口，它必须在其他函数之前定义；

（2）以下说法正确的是（　　）。

　　A. 所有递归程序均可采用非递归算法实现；

　　B. 只有部分递归程序可采用非递归算法实现；

　　C. 递归程序通常比非递归程序运行效率更高；

　　D. 递归程序比非递归程序更节省内存空间；

（3）已知函数定义为：

　　void fun( ){...}

　　则函数中 void 的含义是（　　）。

　　A. 执行函数 fun 后，函数没有返回值；

　　B. 执行函数 fun 后，函数可以返回任意值；

　　C. 函数 fun 中，不应该有 return 语句；

　　D. 执行函数 fun 后，函数不再返回；

（4）函数中返回值的类型是由（　　）决定的。

　　A. 调用该函数的主调函数的类型　　　B. 函数的参数类型

　　C. return 语句中表达式的类型　　　　D. 定义函数时所指定的函数类型

（5）以下函数调用语句中含有（　　）个实参。

　　func((exp1,exp2),(exp3,exp4,exp5));

　　A. 1　　　　　　　　　　　　　　　B. 2

　　C. 4　　　　　　　　　　　　　　　D. 5

（6）C 语言中形参的缺省存储类别是（　　）。

　　A. 自动(auto)　　　　　　　　　　B. 静态(static)

　　C. 寄存器(register)　　　　　　　　D. 外部(extern)

（7）以下程序的输出结果是（　　）。

```c
#include <stdio.h>
func(int a, int b);
void main( )
{
    int k=4,m=1,p;
    p=func(k,m);
    printf("%d,",p);
    p=func(k,m);
    printf("%d\n",p);
}
func(int a, int b)
{
    static int m=0,i=2;
    i+=m+1;
    m=i+a+b;
    return(m);
}
```

　　A. 8,17　　　　　　　　　　　B. 8,16

　　C. 8,20　　　　　　　　　　　D. 8,8

（8）有以下程序：

```c
        void sum(int a[ ])
        {
```

```
        a[0]=a[-1]+a[1];
        }
    main( )
{
        int a[10]={1,2,3,4,5,6,7,8,9,10};
        sum(&a[2]);
        printf("%d\n", a[2]);
        }
```

输出结果为（　　）。

A. 6　　　　　　　　　　　　　　　　B. 7

C. 5　　　　　　　　　　　　　　　　D. 8

（9）有以下程序（　　）。

```
    void fun(int a[ ][4])
{
            int i, j, s=0;
            for(j=0; j<4; j++)
        {
                i=j;
                if(i>2)   i=3-j;
                s += b[i][j];
            }
            return s;
        }
    main( )
{
            int a[4][4]={{1,2,3,4},{0,2,4,5},{3,6,9,12},{3,2,1,0}};
            printf("%d\n", fun(a));
        }
```

输出结果为（　　）。

A. 11　　　　　　　　　　　　　　　　B. 12

C. 16　　　　　　　　　　　　　　　　D. 18

（10）以下程序的输出结果是（　　）。

```
    int runc(int a,int b)
{
            return(a+b);
    }
    main( )
{
            int x=2,y=5,z=8,r;
            r=func(func(x,y),z);
```

```
        printf("%d\n",r);
    }
```

A. 12　　　　　　　　　　　　　　B. 13

C. 14　　　　　　　　　　　　　　D. 15

（11）以下函数返回 a 所指数组中最小的值所在的下标值

```
    int fun(int a[], int n)
    {
            int i,j=0,p;
            p=j;
            for(i=j;i<n;i++)
                if(a[i]<a[p])_____;
            return(p);
    }
```

在下划线处应填入的是（　　）。

A. i=p　　　　　　　　　　　　　B. a[p]=a

C. p=j　　　　　　　　　　　　　D. p=i

（12）有如下程序

```
    int fib(int n)
    {
        if(n>2)
            return(fib(n-1)+fib(n-2));
        else
            return(2);
    }
    main( )
    {
        char p [ ] [10]= "abc", "aabdfg", "abbd", "dcdbe", "cd" };
        printf("%d\n",fib(3));
    }
```

该程序的输出结果是（　　）。

A. 2　　　　　　　　　　　　　　B. 4

C. 6　　　　　　　　　　　　　　D. 8

（13）以下程序的输出结果是（　　）。

```
    int a, b;
    void fun( )
    {
            a=100;
            b=200;
    }
    main( )
```

```
        {
            int a=5, b=7;
            fun( );
            printf("%d%d \n", a,b);
        }
```

　　A. 100200　　　　　　　　　　　B. 57

　　C. 200100　　　　　　　　　　　D. 75

（14）不合法的 main 函数命令行参数表示形式是（　　）。

　　A. main(int a, char *c[ ])　　　　　B. main(int arc, char **arv)

　　C. main(int argc, char *argv)　　　　D. main(int argv, char *argc[ ])

（15）C 语言中，函数值类型的定义可以缺省，此时函数值的隐含类型是（　　）。

　　A. void　　　　　　　　　　　　B. int

　　C. float　　　　　　　　　　　　D. double

（16）以下程序中函数 reverse 的功能是将 a 所指数组中的内容进行逆置。

```
void reverse(int a[ ],int n)
{
    int i, t;
    for(i=0; i<n/2; i++)
    {
        t=a; a=a[n-1-i]; a[n-1-i]=t;
    }
}
main( )
{
    int b[10]={1,2,3,4,5,6,7,8,9,10};
    int i, s=0;
    reverse(b, 8);
    for(i=6; i<10; i++) s+=b;
    printf("%d\n",s);
}
```

程序运行后的输出结果是（　　）。

　　A. 22　　　　　　　　　　　　　B. 10

　　C. 34　　　　　　　　　　　　　D. 30

（17）以下程序中函数 f 的功能是将 n 个字符串按由大到小的顺序进行排序。

```
void f(char p[ ][10], int n)
{
    char t[20];
    int i, j;
    for(i=0; i<n-1; i++)
    for(j=i+1; j<n; j++)
```

```
              if(strcmp(p[i], p[j])<0)
    {
                    strcpy(t, p[i]);
                    strcpy(p[i], p[j]);
                    strcpy(p[j], t);
             }
       }
main( )
{
    char p[ ][10]={ "abc","aabdfg","abbd","dcdbe","cd"};
    int i;
    f(p, 5);
    printf("%d\n", strlen(p[0]));
}
```

程序运行后的输出结果是（   ）。

    A. 6   B. 4

    C. 5   D. 3

（18）以下叙述中正确的是（   ）。

    A. 全局变量的作用域一定比局部变量的作用域范围大

    B. 静态（static）类别变量的生存期贯穿于整个程序的运行期间

    C. 函数的形参都属于全局变量

    D. 未在定义语句中赋初值的 auto 变量和 static 变量的初值都是随机值

（19）若程序中定义了以下函数：

double myadd(double a,double B)

{ return (a+B) ;}

并将其放在调用语句之后，则在调用之前应该对该函数进行说明，以下选项中错误的说明是（   ）。

    A. double myadd(double a, B) ;

    B. double myadd(double, double);

    C. double myadd(double b, double A) ;

    D. double myadd(double x, double y);

（20）有以下程序：

```
void swap1(int c[ ])
{
    int t;
    t=c[0]; c[0]=c[1]; c[1]=t;
}
void swap2(int c0, int c1)
{
    int t;
```

```
        t=c0; c0=c1; c1=t;
    }
main( )
{
        int a[2]={3,5}, b[2]={3,5};
        swap1(A) ;
        swap2(b[0], b[1]);
        printf("%d %d %d %d\n", a[0], a[1], b[0], b[1]);
}
```

其输出结果是（　　）。

  A. 5 3 5 3   B. 5 3 3 5

  C. 3 5 3 5   D. 3 5 5 3

2. 填空题

（1）下面程序的运行结果是：（　　）。

```
int f( int a[ ], int n)
{
    if(n>1)
        return a[0] + f(&a[1], n-1);
    else
        return a[0];
}
main ( )
{
    int aa[3]={1, 2, 3},s;
    s = f(&aa[0], 3);
    printf("%d\n", s);
}
```

（2）函数 sumColumMin 的功能是：求出 M 行 N 列二维数组每列元素中的最小值，并计算它们的和值。和值通过形参传回主函数输出。请填空。

```
#include "stdio.h"
#define M 2
#define N 4
void SumColumMin(int a[M][N], int sum[ ])
{
    int i,j,k,s=0;
    for(i=0; i<N; i++)
    {
        k=0;
        for(j=1; j<M; j++)
            if(a[k][i]>a[j][i])
```

```
                k = j;
        s +=  ____①____  ;
    }
    sum[0] =s;
}


main( )
{
    int x[M][N]={3,2,5,1,4,1,8,3},s;
    SumColumMin(  ____②____  );
    printf("%d\n",s);
}
```

（3）以下的程序的输出结果是（　　）。

```
#include <stdio.h>
fun(int a)
{
    int b=0;
    static int c=3;
    b++;
    c++;
    return(a+b+c);
}
main( )
{
    int i, a=5;
    for(i=0; i<3; i++)
        printf("%d %d", i, fun(a));
    printf("\n");
}
```

（4）以下程序的输出结果是（　　）。

```
#include <stdio.h>
void sum(int a[])
{
    a[0] = a[-1]+a[1];
}


main()
{
    int a[10]={1,2,3,4,5,6,7,8,9,10};
    sum(&a[2]);
```

```
        printf("%d\n", a[2]);
}
```

（5）以下程序运行时若输入：1234<回车>，程序的运行结果为（   ）。

```
#include <stdio.h>
int sub(int n)
{
        return (n/10+n%10);
}
main( )
{
        int x, y;
        scanf("%d", &x);
        y=sub(sub(sub(x)));
        printf("%d\n", y);
}
```

（6）下面程序的运行结果是（   ）。

```
#include "stdio.h"
int fun(char p[ ][10])
{
        int n=0, i;
        for(i=0; i<7; i++)
            if(p[i][0]=='T')
                    n++;
        return n;
}
main( )
{
        char str[ ][10] = {"Mon", "Tue", "Wed", "Thu", "Fri", "Sat", "Sun"};
        printf("%d\n", fun(str));
}
```

（7）当运行以下程序时，输入 abcd，程序的输出结果是（   ）。

```
#include "stdio.h"
#include "string.h"
insert(char str[ ])
{
        int i;
        i = strlen(str);
        while(i>0)
          {
            str[2*i] = str[i];
```

```
            str[2*i-1]='*';
            i--;
        }
        printf("%s\n", str);
    }
    main( )
    {
        char str[40];
        scanf("%s",str);insert(str);
    }
```

（8）以下 isprime 函数的功能是判断形参 a 是否为素数，是素数，函数返回 1，否则返回 0。请填空。

```
    int isprime(int a)
    {
        int i;
        for(i=2; i<=a/2; i++)
            if(a%i==0)
                ____①____ ;
            ____②____ ;
    }
```

（9）阅读下面程序并写出运行结果（　　）。

```
#include "stdio.h"
void f(int   b[ ],int   n,int   flag)
{
    int   i,j,t;
    for(i=0; i<n-1; i++)
        for (j=i+1; j<n; j++)
            if(flag?b[i]>b[j]:b[i]<b[j])
            {
                t=b[i];b[i]=b[j];b[j]=t;
            }
}
main( )
{
    int a[10]={5,4,3,2,1,6,7,8,9,10},i;
    f(&a[2], 5, 0);
    f(a, 5, 1);
    for(i=0; i<10; i++)
        printf("%d ", a[i]);
}
```

（10）阅读下面程序并写出运行结果（　　）。

```c
#include "stdio.h"
int a=4;
int f(int    n)
{
    int    t =0;
    static int    a=5;
    if(n%2)
        {
            int    a=6;
            t+= a++;
        }
    else
        {
            int a=7 ;
            t +=a++;
        }
    return    t+a++;
}
main( )
{
    int    s =a, i =0;
    for( ; i<2; i++)
        s += f(i);
    printf ("%d\n",s);
}
```

3. 编程题

（1）请用递归函数和循环语句编写程序，计算 1*2+2*3+…+n*(n+1)的和。

（2）意大利数学家 Fibonacci（斐波那契）曾提出一个有趣的问题：有一对新生兔子，从第 3 个月开始，它们每个月生一对兔子，每对新生兔子从第 3 个月开始每个月又生一对兔子，按此规律计算一年后共有多少对兔子？使用递归函数和循环结构编写程序。

注意：每个月的兔子对数组成 Fibonacci 数列：1，1，2，3，5，8，…。该数列的规律是：前两个数是 1，从第 3 个数开始，每个数都是其前两个相邻数之和：

$$\begin{cases} f_1=1 & (n=1) \\ f_2=1 & (n=2) \\ f_n=f_{n-1}+f_{n-2} & (n \geqslant 3) \end{cases}$$

第 6 章 指 针

本章导读

- 知识点介绍
- 指针与指针变量实习
- 指针与数组实习
- 指针与字符串实习
- 指针与函数实习
- 思考练习与测试

6.1 知识点介绍

6.1.1 内存地址与指针

1. 内存地址

计算机内存是以字节为单位的一片连续的存储空间，每一个字节都有一个编号，这个编号称为内存地址。

一般情况下，在 C 语言程序中只需指出变量名，不需要知道变量在内存中的具体地址，每个变量与具体地址之间的联系由编译程序去完成。

程序中对变量进行存取操作，实质是对某个地址的存储单元进行操作。这种直接按变量地址存取变量值的方式称为直接存取方式。

2. 指针变量

在 C 语言中，可以定义一种特殊的变量，这种变量只是用来存放内存地址的。称存放内存变量地址的变量为指针变量。

例如：

将变量 a 的内存地址存放到变量 b 中，这时访问变量 a，可以先找到存放其地址的变量 b，从中读出 a 的地址，再去访问 a。此时，称指针变量 b 指向变量 a。

C 语言中指针变量不仅可以指向变量，还可以指向数组、字符串和函数等。

3. 地址与指针

对于一个内存单元来说，单元的地址即为指针，其中存放的数据才是该单元的内容。一个指针变量的值就是某个内存单元的地址或者称为某个内存单元的指针。即变量的指针就是变量的地址，存放变量地址的变量是指针变量。

6.1.2 指针变量的定义与赋值

1. 指针变量的定义

指针变量使用前需要先定义，定义的形式如下：

目标数据对象类型　*指针变量名 1,*指针变量名 2,…;

说明:

① "目标数据对象类型"表示指针变量所指变量的类型,而不是指针本身数据值的类型。它可以是基本数据类型,也可以是构造数据类型。一个指针变量中存放的是一个存储单元的地址值。这里一个存储单元中的"一"所代表的字节数是不同的。

例如:

对 char 类型而言,一个存储单元代表 1 个字节。

对 short int 类型而言,一个存储单元代表 2 个字节。

对 int 类型而言,一个存储单元代表 4 个字节。

对 float 类型而言,一个存储单元代表 4 个字节。

对 double 类型而言,一个存储单元代表 8 个字节。

对于不同类型的指针变量,其内容增 1、减 1 所"跨越"的字节数是不同的。因此定义指针变量时,必须区分"目标数据对象类型",类型不同的指针变量不能够混合使用。

② 指针变量名遵循变量的命名规则。*表示定义的变量是一个指针变量。

例如:

char *p1, *p2;　　 // 定义两个指针变量 p1 和 p2,两者均可指向字符型变量。

int *p;　　　　　　 //定义指针变量 p,它可以指向整型变量

对"int *p;"语句而言,p 代表指针变量,它的值是某个整型变量的地址。其中,*p 是 p 所指向的变量。

注意:通常在不致引起混淆的情况下,将 C 语言中的指针变量简称为指针。

2. 指针变量赋值

指针变量可以赋变量的地址值或"空"值。

(1)给指针变量赋地址值

给指针变量赋地址值常见以下 2 种方法:

① 通过地址运算符"&"获得地址值

通过地址运算符"&",求出运算对象的地址,把这个地址赋给指针变量。

例如:

int a=10, *pa;

pa=&a;　　　 // 指针变量 pa 通过地址运算符"&"获得变量 a 的地址

② 通过指针变量获得地址值

通过赋值运算,把同类型的一个指针变量的地址赋给另一个指针变量,从而使这两个指针指向同一个地址。

float b=5.8, *p1,*p2;

p1=&b;　　　 // 将变量 b 的地址赋给指针变量 p1

p2=p1;　　　 // 指针变量 p2 通过指针变量 p1 获得变量 b 的地址

另外,通过标准函数也可以使指针变量获得地址值,即调用库函数 malloc 和 calloc 在内存中开辟动态存储单元,并把所开辟的动态存储单元的地址赋给指针变量。只不过这种方法不常使用。

(2)给指针变量赋"空"值

Null 是在头文件 stdio.h 中定义的预定义符,Null 的代码值为 0。可以给指针变量赋 Null

值。例如：

    int *p;

    p=Null;

此时，称 p 为空指针。p 并不是指向地址为 0 的存储单元，而是具有一个确定的"空"值。语句"p=Null;"等价于"p='\0';"或"p=0;"。

由上面的叙述可知，定义的指针变量需要赋初值（初始化）。初始化指针变量是将一个与指针变量类型一致的变量的地址赋给指针变量，也可以将同类型的一个指针变量赋给另一个指针变量等。

例如：

    void main()

    {

        int *p, *p1;   //定义两个指针变量 p 和 p1，它们可以指向整型变量

        int i=100;   //定义整型变量 i 并赋初始值 100

        p=&i ;   // 将 i 的地址赋给 p，也就是将 p 指向 i

        p1=p;   // 将 p 赋给同类型指针变量 p1，使 p1 通过 p 指向 i

        printf("%d\n",i);   // 输出变量 i 的值 100

        printf("%d\n", *p); /*p 就是变量 i，所以也是输出变量 i 的值 100

        printf("%d\n", *p1); //*p1 也是变量 i，所以也输出变量 i 的值 100

    }

在本例的开头处定义了指针变量 p 和 p1，但它们并没有指向任何一个整型变量，只是提供指针变量，规定它们可以指向整型变量。然后使 p 指向 i，使 p1 通过同类型的指针变量 p 获得变量 i 的地址（p1 通过 p 间接指向 i），最后三个 printf 函数的作用是相同的。

6.1.3 对指针变量的操作

1. 间接访问运算符*和取地址运算符&

在对指针变量的操作中，经常使用下面的两个运算符。

& 取地址运算符

* 间接访问运算符（或称"指针运算符"）

例如：

&a 为变量 a 的地址，*p 为指针变量 p 所指向的变量。

在 C 语言程序中，间接访问运算符"*"出现的位置不同，含义也不同。

● *出现在指针定义的语句中，这时表示定义的变量是一个指针变量。

● *出现在程序的其他语句中，表示取指针变量所指向的变量的值。

取地址运算符&表示取出变量的地址。地址运算符&操作的对象只能是变量，不能是表达式。

运算符*和&的优先级相同，按自右向左方向结合。

例如：

    int a=8, b=12; // 整型变量 a 的初始值为 8，整型变量 b 的初始值为 12

    int *p1, *p2, *p3; // p1，p2，p3 是指向整型变量的指针

    p1=&a;   // 将变量 a 的地址赋给 p1，即 p1 指向整型变量 a

    p2=&b;   // 将变量 b 的地址赋给 p2，即 p2 指向整型变量 b

b=*p1;　　　 // 将 p1 指向的整型变量 a 的值 8，赋给变量 b。等价语句 "b=a;"

p3=&*p1;　　 // 等价语句为 "p3=&a; "，p3 也指向整型变量 a

表达式 "&*p1" 的含义是：先进行*p1 运算，就是变量 a，再进行&运算。因此 "&*p1" 与 "&a" 含义相同。

2. 二级指针

可以定义一个指针变量，它所指向的变量本身就是一个指针变量，这个指针就是一个指向指针的指针。这样定义的指针称为二级指针。定义的形式如下：

基类型 **指针变量名;

例如

int a=15;　　　 //整型变量 a 的初始值为 15

int *p1=&a;　　//定义指针变量 p1 并初始化，p1 指向变量 a

int **p2=&p1;　//定义二级指针变量 p2 并初始化，p2 指向指针变量 p1

printf("%d,%d,%d\n",a,*p1,**p2);　//输出的 3 个变量的值均为 15

3. 两个指针变量相减

两个指针变量相减，用于表示两个地址间存放的数据对象的个数，而不是地址的绝对值的差。例如：

int a[6]={0};　　 // 定义一维数组 a，初始化 a 的 6 个元素值均为 0

int *p1=&a[0], *p2=&a[5];　//指针变量 p1 赋 a[0]地址值，指针变量 p2 赋 a[5]地址值

printf("%d\n", p2-p1);

输出结果为 5，表示两个地址间存放了 5 个整数数据。

需要注意的是，两个指针相加，即两个地址值相加没有什么物理意义。

4. 指针变量的自加自减运算

指针变量的自加自减运算，可以很方便地实现指针的偏移，通常用在循环中。

例如：

int a[5]={0};

int *p=&a[0], i;

for(i=0; i<5; i++)

　　printf("%d\n", *(p+i));

其中的 for 循环语句也可以改写成如下形式：

while(p <= &a[4])

　　printf("%d\n", *p++);

*p++表示先取指针 p 指向的值，然后指针偏移。这种表达式十分常见，它等价于 *（p++)，但要注意*p++与*(++p)和 (*p)++的区别。

*(++p)表示先 p=p+1，再取指针 P 指向的值。

(*p)++表示将指针 p 指向的值加 1，指针本身并无变化。

5. 下标运算[ ]和取地址运算&

指针的间接引用运算和下标运算功能是相同的。例如：

p[0]等价于*p

p[i]等价于*(p+i)

下标运算[ ]与取地址运算&，又是互逆的。例如：

&p[0]、p、&*p 也是等价的。

正是因为指针语法的灵活性，给初学者带来很多困难，但掌握后，使用起来也会十分方便。

6. 两个指针变量的关系运算

（1）指向同一数组的两个指针变量进行比较

指向同一数组的两个指针变量进行关系运算，可以表示它们所指数组元素之间的关系。例如：

int a[6]={0};

int *p1=a, *p2=&a[3];

printf("%d\n", p1==p2);　// 输出 0，表示 p1 和 p2 所指元素地址不相同

printf("%d\n", p1<p2);　　// 输出 1，表示 p1 所指元素地址低于 p2 所指元素地址

printf("%d\n", p1>p2);　　// 输出 0，表示 p1 所指元素地址不高于指针 p2 所指元素地址

通常两个或多个指针指向同一数组（如一串连续的存储单元）元素时，比较才有意义。

（2）指针变量与 0 进行比较、

设 p 为指针变量，则 p==0 表示 p 为空指针，它不指向任何变量；p!=0 表示 p 不是空指针。空指针是由对指针变量赋予 0 值而得到的。

例如：

#include <stdio.h>

int *p=Null;　　//p 为空指针

对指针变量赋 0 值与不赋值是不同的。指针变量未赋值时，称为野指针可以是任意值，是不能使用的。否则会造成意外错误。而指针变量赋 0 值后，则可以使用，只是它不指向具体的变量而已。

6.1.4　指针与数组

指针与数组的关系密切，由数组下标能完成的操作都可由指针操作实现。当然，使用数组下标方式，程序的可读性要强些；而使用指针方式，代码会更紧凑，利用得当，效率也会提高。

1. 指向数组的指针

指向数组的指针是指这个指针指向数组的起始地址。定义方式与指向变量的指针的定义方式相同。例如：

int a[5]={2,4,6,8,10};

int *p;

p=&a[0];

注意：

（1）指向数组的指针的类型应该与数组的类型一致。

（2）数组名代表数组的起始地址，是一个常量。也就是数组的第一个元素的地址。

● 依据上面的例子，下面的两条语句等价：

p=&a[0];　　//p 指向数组 a 的起始地址

p=a;　　　　//p 指向数组 a 的起始地址

● 依据上面的例子，下面的两条语句不等价：

p++;　　// 指针变量 p 的自增运算，表示 p 指向数组 a 的下一个元素

a++;　　// 错误语句，原因为：数组名 a 是常量，不能进行自增运算

（3）如果 p 指向 a 数组中的某一个元素，则 p+1 就指向该元素的下一个元素。

（4）如果 p 指向 a 数组的起始地址，则

● p+i 与 a+i 均表示数组元素 a[i]的地址。

● *(p+i)与*(a+i)均表示 p+i 与 a+i 所指向的数组元素 a[i]的值。

（5）对指向数组（字符串）的指针变量可以进行指针的算术运算，如指针自增、自减运算，指针与整数的加减运算，目的使指针在数组（字符串）的各元素间移动。对指向同一数组的两个指针变量可以做减法运算。

2. 指针数组

如果一个数组的所有元素都为指针，则这个数组就是一个指针数组。指针数组中的每一个元素都是指针变量。常用的一维指针数组的定义形式如下：

类型名　*数组名[数组长度]；

由于运算符[ ]的优先级高于运算符*，故数组名先与[ ]结合，表示定义的是一个数组，再与*结合，表示数组中的每一个元素都是指针类型。例如：

int a[3][4]={1,2,3,4,5,6,7,8,9,10,11,12};

int *p1[3]={a[0],a[1],a[2]};　　//a[i]表示数组 a 的第 i 行首元素的地址

指针数组 p1 的元素 p1[0]、p1[1]、p1[2]均为整型指针，分别指向数组 a 的每一行的第一个元素。这里*(p1[0]+2)表示数组 a 的元素 a[0][2]的值 3。

注意：指针数组更多地用于处理多个字符串。

6.1.5　指针与字符串

指向字符变量的指针声明和指向字符串的指针声明及指向字符数组的指针声明是相同的。通常，只能按对指针的赋值不同来区别。

1. 字符指针和字符串

例如：

char c='a',*p=&c;　　//p 是一个指向字符变量 c 的指针

char *s="hello";　//s 是一个指向字符串常量的指针，把"hello"的首地址赋给 s

注意：

（1）语句 char *s="hello"；与下面的两条语句等效。

char *s;

s="hello";

（2）字符串指针变量本身是一个变量，用来存放字符串的首地址。而字符串本身是存放在以该首地址为首的一块连续的存储空间中并以'\0'作为串的结束。例如：

下面的代码片段，可以利用字符指针加法来改变指针指向的字符串中的地址。

char *p="this is a map";　　//将字符串的首地址赋给 p

int n=10;

p=p+n;　　　　　　　//指针 p 指向字符"m"

printf("%s\n", p);　//输出为"map"

2. 字符指针和字符串数组

例如：在下面的代码片段中，使用字符指针输出字符串数组中的数据。

char *ps, sa[20];　　//声明 ps 为字符指针，sa 为字符串数组

```
ps=sa;                  //字符指针 ps 指向字符串数组 sa 的首地址
strcpy(sa, "I am a student. ");      //将"I am a student."复制到数组 sa 中
                        //本语句中的 sa 也可以用&sa[0]替代
printf("%s\n", ps);    //使用指针输出数组 sa 中的数据为"I am a student."
```

注意：

（1）程序中出现字符串时，程序的前部要有"#include<string.h>"。

（2）使用指针数组来指向变长的字符串，可以节省存储空间。此时，可以使用二级字符指针对字符指针数组进行操作。

例如：

```
char *name[3]={ "Mar yuwen",
                "Liu bing",
                "Jiao liuyang"
              };
```

6.1.6　指针和函数

在 C 语言中，可以很方便地把指针和函数结合起来使用。指针可以作为函数参数，也可以作为函数的返回值，还可以定义函数指针，使其指向某个函数。

1. 指针作为函数参数

采用指针做参数，可以传递参数的地址，实现由形参修改实参的效果。

当调用形参是指针变量的函数时，将实参变量地址传给形参指针变量，调用结束，就实现了由形参修改实参的效果。

例如：下面的程序段。

```
fun(int *a, int n)
{
  ……
}
main( )
{
int num[10]={2, 6, 11, 7, 8, 9, 34, 12, 10, 5}, *p;
p=num;
  ……
fun(p, 10);
……
}
```

在该程序段中实参 p 和形参 a 都是指针变量。先使实参指针变量 p 指向数组 num，p 的值是&num[0]，然后将 p 的值传送给形参指针变量 a，a 的初始值也是&num[0]。通过 a 的值的改变，可以使 a 指向数组 num 的任一元素。

2. 通过传送地址值在被调用函数中直接改变调用函数中的变量的值

通过传送地址值，可以在被调用函数中对调用函数中的变量进行引用。利用这种形式可以把两个或两个以上的数据从被调用函数返回到调用函数。

例如：下面的程序段。

```
……
void swap(int *, int * );   // 函数声明
main( )
{
    int x=20, y=15;
    printf("交换前 x=%d   y=%d\n",x,y );                    //x=20   y=15
    swap(&x,&y );
    printf("从被调用函数返回 x=%d   y=%d\n",x,y );          //x=15   y=20
}
void swap(int *a, int *b )
{
    int t;
    printf("传递实参后的形参 a=%d   b=%d \n",*a, *b ); // a=20   b=15
    t=*a; *a=*b; *b=t;
    printf("交换后的形参 a=%d   b=%d \n",*a, *b );      // a=15   b=20
}
```

从此例可知，C 语言程序中可以通过传送地址的方式在被调用函数中直接改变调用函数中的变量的值，从而达到函数之间数据的传递。

3. 返回指针的函数

当一个函数的返回值是一个指针（地址）时，这种函数称为指针型函数。

指针型函数的形式如下：

类型名 *函数名(参数表列)

对指针型函数的定义和说明，只需在函数名前加上"*"即可，其调用方法与一般函数一样，在指针型函数中，通常使用 return 语句返回指针值或地址值。

例如：下面的程序段。

```
……
int *max(int *a, int *b)
{
    int *c;
    if(a>b)
        c=a;
    else
        c=b;
    return c;
}
main()
{
    int *x, *y;
    printf("输入两个数 x,y: \n");
    scanf("%d%d", &x, &y);
```

```
    printf("输入的最大数是：%d\n", max(x, y));
}
……
```

这里定义了一个指针型函数 max，它的返回值指向一个 int 型。该函数中定义了一个 int 型指针变量 c，比较两个形参，将较大的赋值给 c。在主函数中将输入的指针变量 x 和 y 作为实参，在 printf 语句中调用 max 函数并把实参 x 和 y 的值传送给形参 a 和 b。max 函数中的 return 语句把 c 指针返回主函数输出。

4. 指向函数的指针

C 语言中的函数名就是该函数所占内存空间的起始地址。可以将函数的起始地址赋给指针变量，然后通过指针变量调用该函数。

指向函数的指针变量称为"函数指针变量"，其形式为如下：

类型名 (*指针变量名)(参数表列)

定义了一个指针变量，该指针指向函数，该函数返回指定类型的值。例如：

int (*fpt)( );　//fpt 是一个指向函数的指针，该函数返回值是整型

函数指针变量定义后，可以把函数名赋给该指针，在通过(*指针变量名)(实参表列)形式调用该函数。

总之，常用指针的定义及其含义如下表 6-1 所示。

表 6-1　常用指针表

定　义	含　　义
int *p;	p 为指针变量，它指向整型量
int *p[n];	p 为数组，由 n 个指向整型量的指针元素组成
int (*p)[n];	p 为指针变量，它指向含有 n 个整型元素的数组（p 是行指针）
int *p( );	p 为函数，其返回值是指向整型量的指针
int (*p)( );	p 为指针变量，它指向一个函数，该函数的返回值是整型
int **p;	p 为指针变量，它指向另一个指针变量，该指针变量指向整型量

6.2　实习一 指针与指针变量

6.2.1　实习目的

1. 理解指针的概念。
2. 掌握指针变量的定义和初始化。
3. 掌握指针变量的引用方法。

6.2.2　实习内容

1. 有下面程序段：

```
int i, j, *p1, *p2;
i='a';
j='b';
```

p1=&i;

p2=&j;

执行此程序段后，指针变量与变量的联系如图 6-1 所示。

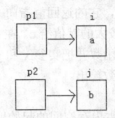

图 6-1　指针与变量联系

（1）画出执行语句"p2=p1;"后，指针变量与变量的联系图。

（2）画出执行语句"*p2=*p1;"后，指针变量与变量的联系图。

2. 已知变量 a 与 b 的值分别为 5 和 10，使用指针输出 a 和 b 的值。请编写程序。

提示与分析：

① 定义整型指针变量 p1、p2。

② *p1 标识 p1 指向的变量值，*p2 标识 p2 指向的变量值

3. 依据下面的程序填空，运行该程序并观察运行结果。

```
# include <stdio.h>
void main()
{
    int a=10, *p1=&a;           // 第 4 行
    printf("%d, %d\n", a,*p1+1); // 第 5 行
    printf("%p\n", p1);          // 第 6 行
}
```

第 4 行中的*p1 表示＿＿＿①＿＿＿ ；

第 5 行中的*p1 表示＿＿＿②＿＿＿ ；

第 6 行输出 p1 的值是＿＿③＿＿ 。

提示与分析：

① 在定义中出现*时，表示定义指针变量。在定义之外出现*时，表示取指针所指变量的值。

② 格式"%p"标识指针类型（即变量值的存储地址）。

4. 已知整型变量 a 的初始值为 18。请编写程序，使用变量名、一级指针、二级指针分别输出变量 a 的值。

提示与分析：

① 定义整型变量 a，整型指针变量 p1，二级指针变量 p2。

② 变量 a 的初始值为 18，将 p1 指向 a，将 p2 指向 p1。

③ 输出 a、*p1、**p2。

5. 已知指针 p1 指向整型变量 a，试使用二级指针以外的方法，来实现指针 p2 通过指针 p1 也指向 a。请编写程序。

提示与分析：

① 定义整型变量 a 和整型指针 p1 和 p2 并使用键盘给 a 赋值。

② 将指针 p1 指向变量 a。

③ p1 与&*p1 的含义相同（&与*运算符的优先级相同，结合方向是自右向左，即先进行*p1 运算，再进行&运算）。

6. 利用指针变量编写程序。该程序的功能是将输入的两个整数值 a 和 b 按照从大到小的顺序输出。

提示与分析：

① 定义整型变量 a、b 及整型指针 p1、p2，并且将 p1 指向变量 a，p2 指向变量 b。

② 当 a<b 时，交换 p1 和 p2 所指变量的值；否则，不交换。

6.3　实习二　指针与数组

6.3.1　实习目的

1. 深入理解指针的概念，学习如何用指针操作数组。

2. 了解指针数组的定义与初始化。

6.3.2　实习内容

1. 已知采用下标法输出 a 数组元素值的程序为：

```c
# include <stdio.h>
void main()
{
    int i, a[5]={1,3,5,7,9};
    for(i=0; i<5; i++)
        printf("%3d", a[i]);   // 每次循环都要计算元素的地址，速度较慢
    printf("\n");
}
```

下面是用指针法编写输出 a 数组元素值的程序，请填空。

参考程序：

```c
# include <stdio.h>
void main()
{
    int *p, a[5]={1,3,5,7,9};
    for( p=a; ____ ; ____ )
        printf("%3d", ____ );
    printf("\n");
}
```

提示与分析：

语句"p=a;"使 p 指向数组 a 的起始地址；p++使指针移动，将 p 指向数组 a 的下一个元素。

2. 写出下面程序的运行结果，然后上机验证。

```c
#include <stdio.h>
void main()
{
    int a[10]={1, 2, 3, 7, 9, 0, -5, 4, 6, 8};
    int *p1=a, *p2;    //第 5 行
    p2=&a[8];
    p1=p1+2;
    printf("%d\n", p2-p1);
    printf("%d\n", *p1+*p2);
}
```

提示与分析：

① 表达式 p2-p1 的值应为两指针所指元素之间的元素个数。

② 表达式*p2+*p1 的值应为两指针所指元素值的和。

3. 下面程序的功能是：输出数组中前 3 个元素的值。程序中没有语法错误，但输出结果不对。请将程序调试正确。

```c
# include <stdio.h>
void main()
{
    int I, *p, b[5];
    p=b;
    for( i=0; i<5; i++)        // 第 1 个循环
        scanf("%d", p++);
    for(p=d, i=0; i<3; i++, p++)    // 第 2 个循环
        printf("%5d", *p);
    printf("\n");
}
```

提示与分析：

语句 "p=b;" 使 p 指向数组 b 的起始地址，p++使指针指向数组 b 的下一个元素，执行完第 1 个循环后，p 指向哪里呢？这时立即执行第 2 个循环，能输出前 3 个元素的值吗？如何处理？

4. 下面程序的功能是利用指针变量实现一维数组直接插入排序。请填空并运行该程序。

```c
# include <stdio.h>
# define   N   5
void main()
{   int i,j,*p,a[N];
    p=a+1;                    //直接插入排序的 a[0]为监视哨，故 p 指向 a[1]
    for(i=1; i<N; i++)        // 输入数组元素的值(监视哨 a[0]除外)
        scanf("%d", p++);
```

```
    for(i=2; i<N; i++)          // 直接插入排序
      {
          a[0]=a[i];              // 监视哨
          j=i-1;
          while(a[0]<a[j])
          {
              a[j+1]=a[j];
              j--;
          }
          a[j+1]=a[0];
      }
    _____
    for( i=1; i<N; i++)     // 输出排序后的数组
    {
        printf("%6d", *p);
    _____
    }
    printf("\n");
}
```

提示与分析：

考虑指针 p 和数组 a 的联系及指针 p 的移动含义。

5. 以下程序通过指针数组 p 和一维数组 a 构成如图 6-2 所示的矩形（二维数组元素值）的左下三角结构，然后输出。请填空。

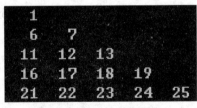

图 6-2　矩形下三角结构

```
#include <stdio.h>
#define M 5
#define N (M+1)*(M)/2
void main()
{
    int a[N], *p[M], i, j, index, k ;
    for(i=0;i<M;i++)
    {
        index=i*(i+1)/2;
        p[i]= _____ ;
```

```
    }
    for(i=0;i<M;i++)
    {
        k=1;
        for(j=0;j<=i;j++)
        {
            p[i][j]= _____ ;
            k++;
        }
    }
    for(i=0;i<M;i++)
    {
        for(j=0; _____ ; j++)
            printf("%4d",p[i][j]);
        printf("\n");
    }
}
```

6. 设有 5 个学生，每个学生选修 4 门课程，以下程序能检查这些学生有无考试不及格的课程。若某一学生有一门或一门以上不及格课程就输出该学生的序号（序号从 0 开始）和其全部课程成绩。请填空。

```
#include <stdio.h>
void main()
{
    int score[5][4]={{62,87,55,95},{95,85,98,73},{66,92,81,69},
    {78,56,90,79},{60,79,85,76}};
    int (*p)[4], i, j ,flag ;
    p=score;
    for(i=0;i<5;i++)
    {
        flag=0;
        for(j=0;j<4;j++)
            if( _____ ) flag=1;
        if(flag==1)
        {
            printf("有不及格课程的学生序号为：%d，其分数是：\n",i);
            for(j=0;j<4;j++)
                printf("%5d", _____ );
            printf("\n");
        }
    }
}
```

```
}
```

提示与分析：

① (*p)[ ] 为行指针

② 整型变量 flag 为标识变量，其值为 1 时标识有不及格课程。

6.4　实习三　指针与字符串

6.4.1　实习目的

1. 深入学习指针操作数组。

2. 学习用指针操作字符串和函数的方法。

6.4.2　实习内容

1. 下面程序的功能是利用指针求字符串的长度，请填空并运行该程序。

```c
#include <stdio.h>
#include <string.h>
void    main()
{
    int n=0;
    char str[80],*p;
    printf("输入一个字符串：\n");
    gets(str);
    _____ ;
    while( *p!=0)
    {
        n++;
        _____ ;
    }
    printf("字符串长度为: %d\n",n);
}
```

提示与分析：

① 考虑开始循环时字符指针 p 所指的位置。

② 每循环一次，字符指针要指向字符串中的下一个字符。

2. 下面程序采用字符指针，将字符串 a 的内容复制到字符串 b 中（不能使用 strcpy 函数）并输出字符串 a 和 b。请填空并运行该程序。

```c
#include <stdio.h>
void main()
{
    char a[ ]="I am a student.", b[20],*p1,*p2;
    p1=a;
    p2=b;
```

```
    for( ; *p1!='\0'; p1++, p2++)
        *p2=*p1;
        *p2='\0';
        _____ ;
        _____ ;
    printf("string a is:%s\n", p1);
    printf("string b is:%s\n", p2);
}
```

提示与分析：

① 字符串"I am a student."存放在数组 a 中。

② 将数组 a 中存放的字符串复制到字符数组 b 中，就要定义两个字符指针 p1 和 p2，使 p1 指向数组 a，p2 指向数组 b。

③ 利用循环语句。当 p1 没有指向字符串结束符'\0' 时，执行语句"*p2=*p1;"就从 a 复制一个字符到 b 中；再将两个指针下移一个字符位置，……，直到 p1 指向'\0'，退出循环；此时，立即执行语句"*p2='\0';"给数组 b 添加字符串结束符'\0'。

④ 输出数组 a 和 b 中的字符串。

3. 下面程序的功能是输出字符指针数组指向的 5 个字符串，请填空。

```
#include <stdio.h>
#include <string.h>
void    main()
{
    int n=0;
    char *str[]={"English","Physics","Maths","Pascal","Chemistry"};
    char    **p;
    int i;
    _____ ;
    for( i=0; i<5; i++)
        printf("%s\n", *( p++ ) );
}
```

提示与分析：

考虑开始循环时指针 p 所指的位置。

4. 编写程序，使用字符指针，将输入的 3 个字符串，按由小到大的顺序输出。

提示与分析：

① 程序中有4个字符数组，其中的3个分别存放从键盘输入的需要比较大小的字符串，另外一个用于两个字符串的交换。

② 使用 strcmp 函数来判别两个字符串的大小，从而确定是否将两个字符串进行交换。

③ 两个字符串进行交换时，可以使用 strcpy 函数。

5. 给出 1~7 之间的一个整数，就输出与其对应的星期英文名的程序中包含下面的语句：

```
    char *week[]={"Illegal", "Monday", "Tuesday", "Wednesday",
```

"Thursday", "Friday", "Saturday", "Sunday"};
请编写程序。

提示与分析：

① 使用二级字符指针对字符指针数组进行操作。

② 从键盘随机地给一个标识星期数的整型变量赋值。

③ 用分支语句输出结果。

6.5 实习四 指针与函数

6.5.1 实习目的

1. 理解指针和函数的关系。

2. 学会使用指向函数的指针。

3. 了解动态内存分配。

3. 提高阅读程序和程序设计能力。

6.5.2 实习内容

1. 写出下面程序的运行结果，然后上机验证。

```c
#include <stdio.h>
void fun(char *p, int n)
{
    p[n+5]='\0';
}
void main()
{
    char s[10]="123456789";
    fun(s,2);
    puts(s+3);
}
```

提示与分析：

① 用指针作函数的参数传递一维数组。

② 当执行语句"fun(s,2);"时，形参的指针 p 复制数组 s 的首地址，形参 n 赋值 2。在函数体中 p[n+5]='\0'与 s[n+5]='\0'等价，即将 s[7]的值'8'用'\0'替代。当语句"fun(s,2);"执行结束时，数组 s 存放的字符串为"1234567"。

③ s+3 表示下标为 3 的数组元素地址。

2. 下面程序的功能是输出字符串中大写字母的个数，请填空。

```c
#include <stdio.h>
#define N 80
void main()
{
    char a[N]="Beijing Tianjin Shanghai";
```

```
        int cap(char *);        // 函数说明
        printf("大写字母个数为：%d\n", cap(a));
    }
    int cap(char *p)
    {
        int k=0;
        while(*p!=0)
          {
              if(*p>='A' && *p<='Z') k++;
              _____ ;
          }
          _____ ;
    }
```

提示与分析：

① 用字符指针作函数的参数传递字符数组的程序的功能是，统计字符串中大写字母的个数。

② 因为函数 cap()位于主函数之后，所以主函数中有函数 cap()的说明语句。

③ printf 语句中的输出项"cap(a)"，标识形参的指针 p 复制数组 a 的首地址。函数体中的语句"int k=0;"，用来说明存放字符串中大写字母个数的变量 k 的初始值为 0。在循环语句中，当指针 p 没有指向字符串结束符时，判断 p 所指的字符是否为大写字母，若是，则 k 值增 1，否则 k 值不变；每次循环，指针 p 下移一个位置。

3. 返回字符串中第一次出现另一字符串的位置函数如下：

```
int strindex(char *s,char *ss)
{
    int i=0,j,k;
    while(*(s+i)!='\0')        //i 记录字符串 s 开始比较的位置
    {
        j=0;     //j 记录字符串 ss 要比较字符的位置
        k=i;     //k 记录字符串 s 要比较字符的位置
        while(*(ss+j)!='\0'&&*(ss+j)==*(s+k)) //从 s 的第 i 个字符开始逐个与 ss 的字符比较
        {
            k++;   //字符串 s 的下一个字符位置
            j++;   //字符串 ss 的下一个字符位置
        }
        if(*(ss+j)=='\0') return i+1;   //返回子串 ss 出现的位置
        i++;     //从下一个字符位置开始查找
    }
    return i ;
}
```

编写主函数调用此函数，对输入的两个字符串，能够返回前面字符串中第一次出现后面字符串的位置。

提示与分析：

① 找出字符串 s 中含有子串 ss 第一次出现的位置，若找到则返回要找的位置。否则返回 0。

② 用字符指针作为形参，主函数中必须有两个输入的字符串，其中一个是另一个的子串。不妨设 str2 是 str1 的子串。

例如：str1[ ]="program" 和 str2[ ]="gra"，在 str1 的第 4 个位置出现 str2。

4. 有 4 名学生，每个学生考 4 门课程，要求在输入学生的序号（序号从 0 开始）以后能输出该学生的全部成绩。请编写一个函数 int *search(int (*ptr)[4],int n)。

下面给出了部分源程序，请不要改动。读者仅在指针函数 search 的花括号中填入所编写的若干语句即可。

```c
#include <stdio.h>
int *search(int (*ptr)[4],int n)
{
}
void main()
{
    int score[][4]={{76,68,90,66},{77,75,91,82},{56,76,91,88},{83,70,64,93}};
    int i,m,*p;
    printf("请输入学生序号(0 --- 4)：\n");
    scanf("%d",&m);
    printf("学生序号为%2d 的分数为：\n",m );
    p=search( score, m);
    for(i=0;i<4;i++)
    {
        printf("%4d",*(p+i));
    }
    printf("\n");
}
```

提示与分析：

指针型函数 search 的形参是行指针变量 ptr 和整型变量 n，而主函数中调用该函数的实参是数组名 score 和从键盘输入的学生序号 m。也就是说 ptr 指向数组 score 的第 0 行，n 赋值为 m。

在指针函数 search 的函数体中：ptr+n 标识指向数组 score 的第 m 行指针，*(ptr+n)标识指向数组 score 的第 m 行的第一个元素的指针，该指针就是指针型函数 search 的返回值。

5. 写出下列程序的运行结果，然后上机验证。

```c
# include <stdio.h>
int add(int arr[],int n)
{
```

```
        int i,sum=0;
        for(i=0;i<n;i++)
            sum=sum+arr[i];
            return sum;
}
void main()
{
        static int a[3][4]={1,3,5,7,9,11,13,15,17,19,21,23};
        int *p,total1,total2;
        int (*pt)(int*, int);
        pt=add;
        p=a[0];
        total1=add(p,12);
        total2=(*pt)(p,12);
        printf(" total1=%d\n total2=%d\n",total1,total2);
}
```

提示与分析：

函数指针可以指向一个函数并可以调用该函数。

6. 写出下面程序的运行结果，然后上机验证。

```
#include <stdio.h>
#include <stdlib.h>
fun(int **a, int p[2][3])
{
    **a=p[1][1];
}
void main()
{
        int x[2][3]={2,4,6,8,10,12};
        int *p=(int *)malloc(sizeof(int));
        fun(&p,x);
        printf("%d\n",*p);
        free(p);
}
```

提示与分析：

① 动态分配内存的 malloc 函数，能够分配所需字节大小，返回指向所分配空间的第一个字节的指针。这里 malloc 函数动态分配 1 个整型内存空间并使指针 p 访问该空间中存放的数据。

② free 函数释放指针 p 所指向的内存空间。

6.6 思考练习与测试

一、思考题

1. 假设有定义：

    int i,j,*p=&i;

请写出与 i==j 等价的表达式。

2. 假设有程序段：

    int k=2, j=8, *p1=&k, *p2=&j, *p3;

    p3=p1;

    p1=p2;

    p2=p3;

请写出*p1、*p2、*p3 的值。

3. 假设有定义：

    int a[ ]={1,2,3,4,5,6,7} ;

    int *p=a;

请写出*(++p)的值。

4. 假设有定义：

    int s[ ]="123456", *p=s+1 ;

请写出*p+1 的值。

5. 已知有如下语句：

int *zPtr;

int *aPtr = NULL;

void *sPtr = NULL;

int number, i;

int z[5] = { 1, 2, 3, 4, 5 };

sPtr = z;

找出下面语句片段中的错误：

（1）   ++zptr;

（2）   /*假设 zPtr 已经初始化为 z，使用指针获取数组中首元素的值*/

    number = zPtr;

（3）   /*假设 zPtr 已经初始化为 z，使用指针方式，将 z[2]赋值给 number*/

    number = *zPtr[2];

（4）   /*假设 zPtr 已经初始化为 z，输出整个数组 z*/

    for (i = 0; i <= 5; i++) {

        printf("%d ", zPtr[i]);

    }

（5）   number = *sPtr;

（6）   ++z;

6. 写出语句 int *p1, *p2[3], (*p3)(), (*p4) [3]; 中的 p1、p2、p3、p4 的含义。

7. 简述 int *fun(); 与 int (*fun)(); 的区别。

8. 使用二维数组存储 3 名学生 2 门课程的成绩。下面的程序功能是，求出每一位学生的平均成绩及每门课程的平均成绩。

```c
#include <stdio.h>
void main()
{
    int score[3][2]={93,88,87,76,91,79},i,j;
    double s[3]={0,0,0},c[2]={0,0};
    int (*p)[2]=NULL;   // 行指针
    p=score;      //使行指针指向二维数组的首地址
    for(i=0;i<3;i++)
    {
        for(j=0;j<2;j++)
        {
            s[i]=s[i]+p[i][j];
            c[j]=c[j]+p[i][j];
        }
    }
    for(i=0;i<3;i++)
        printf("第%d 个学生平均成绩为：%f\n",i+1,s[i]/2);
    for(i=0;i<2;i++)
        printf("第%d 门课程平均成绩为：%f\n",i+1,c[i]/3);
}
```

思考用指针变量操作二维数组的方法修改此程序，计算每一位学生的平均成绩及每门课程的平均成绩。

提示与分析：

① 采用指针变量（一级指针）时，要使该指针指向二维数组第一行的首地址。

② 仿照已知的程序来编写就可以了。

二、练习题

1. 选择题

（1）下面语句中，正确的字符串赋值操作是_____。

　　A.char s[5]={"hello"};　　　　　　　　B.char s[5]={'h','e','l','l','o'};

　　C.char *s="hello";　　　　　　　　　　D.char *s; scanf("%s",s);

（2）有如下程序段，叙述正确的是 _____。

　　char s[]="binhai"; char *p=s;

　　A. s 指向一个字符串常量，不能修改其中的字符；

　　B. sizeof(s)和 sizeof(p)相等；

　　C. s 和 p 完全相同；

　　D. *p = = s[0]成立；

（3）定义 char s[10];则下面表达式中不表示 s[1]的地址的是_____。

    A. s++　　　　　　　　　　　B. s+1

    C. &s[1]　　　　　　　　　　D. &s[0]+1

（4）有如下说明

    int a[10]={1,2,3,4,5,6,7,8,9,10},*p=a;

    则数值不为 9 的表达式是____。

    A.*p+8　　　　　　　　　　B.*(p+8)

    C.&a[9]−p　　　　　　　　　D.p+8

（5）有以下程序

```
void main()
{
    int a[10]={1,2,3,4,5,6,7,8,9,10}, *p=&a[3], *q=p+2;
    printf("%d\n", *p + *q);
}
```

程序运行后的输出结果是_____。

    A.16　　　　　　　　　　　B.10

    C.8　　　　　　　　　　　　D.6

（6）有以下程序

```
main()
{
    int a[ ] = {2,4,6,8,10}, y = 0, x, *p;
    p = &a[1];
    for(x=1; x<3; x++) y += p[x];
    printf("%d\n",y);
}
```

程序运行后的输出结果是_____。

    A.10　　　　　　　　　　　B.11

    C.14　　　　　　　　　　　D.15

（7）有以下程序

```
#include <string.h>
main()
{
    char p[]={'a', 'b', 'c'}, q[10]={'a', 'b', 'c'};
    printf("%d %d\n", strlen(p), strlen(q));
}
```

下列叙述中正确的是____。

    A.在给 p 和 q 数组置初值时，系统会自动添加字符串结束符，故输出的长度都为 3

    B.由于 p 数组中没有字符串结束符，长度不能确定；但 q 数组中字符串长度为 3

    C.由于 q 数组中没有字符串结束符，长度不能确定；但 p 数组中字符串长度为 3

    D.由于 p 和 q 数组中都没有字符串结束符，故长度都不能确定

（8）有以下程序

```
int a=2;
  int f(int *a)
  {
      return (*a)++;
  }
void main(){
    int s=0;
    {
        int a=5;
        s+=f(&a);
    }
    s+=f(&a);
    printf("%d\n",s);
  }
```

执行后输出结果是____。

A.10   B.9

C.7   D.8

（9）以下程序的输出结果为____。

```
void main()
  {
    char *alpha[6]={"ABCD","EFGH","IJKL","MNOP","QRST","UVWX"};
    char **p;
    int i;
    p = alpha;
    for(i=0; i<4; i++)
        printf("%s",p[i]);
    printf("\n");
}
```

A. ABCDEFGHIJKL   B. ABCD

C. ABCDEFGHIJKLMNOP   D. AEIM

2. 填空题

（1）以下程序段的运行结果为____①____。

```
char *pstr = "My name is Tom";
int n = 0;
while( *pstr++ )
    n++;
printf("n=%d\n",n);
```

（2）以下函数 sstrcat()的功能是实现字符串的连接，即将 t 所指字符串复制到 s 所指字符串的尾部。例如：s 所指字符串为 abcd，t 所指字符串为 efgh，函数调用后 s 所指字符串为 abcdefgh。请填空。

```
void sstrcat(char *s, char *t)
{
    int n;
    n= strlen(s);
    while (*(s+n)=_____①_____){s++; t++;}
}
```

（3）以下程序判断一个字符串是否为回文，回文即顺读和倒读一样的字符串，如 level。请填空。

```
#include <stdio.h>
#include <string.h>
int main()
{
    char s[81], *p1, *p2;
    int n;
    gets(s);
    n = strlen(s);
    p1 =s;
    p2 =____①____;
    while (____②____)
    {
        if (*p1 != *p2) break;
        else {p1++;____③____;}
    }
    if (p1 < p2)
        printf("NO\n");
    else printf("Yes\n");
        return 0;
}
```

（4）函数 f1,f2,f3,f4 分别用于计算两整型数 x 和 y 的和、差、积、商。函数 execute( )是完成这些计算的通用函数。请填空。

```
Void main()
{
    int f1(), f2(), f3(), f4();
    int (*functions[4])();
    int a = 10, b = 5, I;
    functions[0] = f1;
    functions[1] = f2;
```

```
        functions[2] = f3;
        functions[3] = f4;
        for(i=0; i<4; i++)
        printf("func NO. %d-→%d\n",i+1,execute(a,b,__①__ ));
}
```

（5）请解释函数 liw_strncpy( )的功能：_____①_____。

```
char *liw_strncpy(char *s, const char *ct, int n)
{
        char *p;
        p = s;
        for (; n > 0 && *ct != '\0'; --n)
                *p++ = *ct++;
        for (; n > 0; --n)
                *p++ = '\0';
        return s;
}
```

3. 程序改错题

（1）下列给定程序中，函数 inverse()的作用是：反转由 s 指向的字符串。请改正程序中的错误，使它能得到正确结果。

```
#include <string.h>
#include <conio.h>
#include <stdio.h>
#define N 81
int inverse(char *s){
        int i=0, t, n=strlen(s);
        for( ; s+i<s+n-i; i++)
        { t=*(s+i); *(s+i)=*(s+n-i); *(s+n-i)=t; }

}
main(){
        char a[N];
        clrscr( );
        printf("Enter a string:"); gets(a);
        printf("The original string is:");puts(a);
        inverse(a[N]);
        printf("\n");
        printf("The string after modified:");
        puts(a);
}
```

（2）下列给定程序中，函数 fun()的功能是：在字符串 str 中找出 ASCII 码值最小的字符，将其放在第一个位置上，并将该字符前的原字符向后顺序移动。请改正程序中的错误，使它能得到正确结果。

```
#include<stdio.h>
void fun(char p)
{
    char min, *q;
    int i = 0;
    min = p[0];
//找到最小的字符(由 q 指向),并更新 min 值
    while (p[i] != 0){
        if (min > p[i]) {
            min = p[i];
            p=p+i;
        }
        i++;
    }
//移动字符
    while(q > p){
        *q = *(q-1);
        q--;
    }
    p[0] = min;
}
void main()
{
    char str[80];
    printf("Enter a string: ");
    gets(str);
    printf("\nThe original string: ");
    puts(str);
    fun(str);
    printf("\nThe string after moving: ");
    puts(str);
    printf("\n\n");
}
```

4. 编程题

（1）利用指针编写程序，求字符串的长度（不用 strlen 函数）。

（2）编写函数，求包含 n 个元素的整数数组的最大值、最小值及平均值。已知函数原型声明如下：

       void getMaxMinAvg_1(int a[], int n, int *max, int *min, int *avg);

（3）编写函数，接受整数数组输入，动态分配内存，复制该数组，返回该内存首地址。

（4）编写函数，以指针为参数，从 N 行 N 列的矩阵，找出各行中的最大的数，再求这 N 个最大值中的最小的那个数作为函数值返回。

（5）编写函数接受一已排序的整数数组和一整数值，将该值插入到正确的位置。请思考：如何利用此函数设计一个选择排序函数。

（6）编写函数，接受一个字符串和一个字符，如果此字符出现在字符串中，就将串中的该字符删除，要求删除该字符后，后续的字符向前移，以填充该空位。

三、测试题

1. 选择题

（1）有如下程序段

       int a[ ]={1,2,3,4,5,6,7,8,9,10}, *p=a, i;

       其中 0≤i≤9，则对 a 数组元素的引用不正确的是（   ）。

       A. a[p-a]   B. *(&a[i])

       C. p[i]   D. *(*(a+i))

（2）有如下程序段

       int a=10, *p=&a, b=1;

       *p += b;

       执行后，a 的值为（   ）。

       A.11   B. 12

       C. 10   D. 编译出错

（3）以下程序的输出结果是（   ）。

```
# include <stdio.h>
void fun(int *a, int *b)
{
   b[0] += *a+6;
}
int main( void ){
   int a=1, b[5]={3};
   fun(&a, b);
   printf("%d\n", b[0]);
   return 0;
}
```

       A.7   B. 3

       C. 10   D. 11

（4）以下程序段给数组元素输入数据

       int a[10], i=0;

       while(i<10)

       scanf("%d", ___);

       ......

则下划线处应填入的是（　　）。

    A. a+(i++)　　　　　　　　　　　B. a+i

    C. &a[i+1]　　　　　　　　　　　D. &a[++i]

（5）以下程序段的输出结果是（　　）。

```
int a[ ]={1,2,3,4,5,6,7,8,9,10}, *p=a+3;
printf("%d\n", *(p−2) );
```

    A. 1　　　　　　　　　　　　　　B. 2

    C. 3　　　　　　　　　　　　　　D. 4

（6）以下程序段的输出结果是（　　）。

```
char *s = "abc";
printf("%d\n", *(s+3));
```

    A. 99　　　　　　　　　　　　　　B. 字符'c'

    C. 字符'c'的地址　　　　　　　　D. 0

（7）以下程序段的输出结果是（　　）。

```
#include "stdio.h"
void fun(char **p)
{
    ++p;
    printf("%s\n",*p);
}
void main( )
{
    char *a[ ]={"Morning","Afternoon","Evening","Night"};
    fun(a);
}
```

    A. Morning　　　　　　　　　　　B. Afternoon

    C. Evening　　　　　　　　　　　D. Night

（8）以下程序段的输出结果是（　　）。

```
int a[5]={2,4,6,8,10}, *p, **k;
p =a;
k =&p;
printf("%d", *(p++) );
printf("%d\n", **k);
```

    A. 2　4　　　　　　　　　　　　　B. 2　2

    C. 4　4　　　　　　　　　　　　　D. 4　6

（9）有如下定义

    int c[4][5], (*p)[5];

    p = c;

    则能正确引用 c 数组元素的是（　　）。

    A. 1+p　　　　　　　　　　　　　B. *(p+3)

C. *(p+1)+3   D. *(*p+2)

（10）有如下定义：

  int a[4][3], (*ptr)[3]=a, *p[4], i;

  for(i=1; i<4; i++)

    p[i] = a[i];

则不能正确表示 a 数组元素的是（ ）。

  A. *(*(ptr+3)+2)   B. (*(p+1))[1]

  C. p[0][0]   D. ptr[2][2]

（11）已知函数 fun 的调用语句：

  int a[10] = {0};

  fun(n, &a[3]);

  则正确的函数声明为（ ）。

  A. void fun(int m, int a[ ]);   B. void fun(int n, int a[15]);

  C. void fun(int, int *);   D. void fun(int, int);

（12）若有下面的程序段：

  char s[ ]="china";

  char *p; p=s;

  则下列叙述正确的是（ ）。

  A. s 和 p 完全相同

  B. 数组 s 中的内容和指针变量 p 中的内容相等

  C. s 数组长度和 p 所指向的字符串长度相等

  D. *p 与 s［0］相等

（13）有以下函数定义：

  char * fun(char *p)

  {

    return p;

  }

  函数的返回值是（ ）。

  A. 无确切的值   B. 形参 p 自身的地址

  C. 形参中存放的地址值   D. 一个临时存储单元地址

（14）若要从键盘读入含有空格的字符串，应使用的函数是（ ）。

  A. getc( )   B. gets( )

  C. getchar( )   D. scanf( )

（15）若有语句 int *point,a=4;和 point=&a;下面均代表地址的一组选项是（ ）。

  A. a, point, *&a

  B. &*a, &a, *point

  C. *&point, *point, &a

  D. &a, &*point, point

（16）有以下函数：

  void fun(char *str1, char *str2)

```
{
    while((*str1 && *str2 && *str1++==*str2++));
    return (*str1-*str2);
}
```

  A. 计算 str1 和 str2 所指字符串的长度差

  B. 将 str2 所指字符串复制到 str1 所指的字符串中

  C. 比较字符串 str1 和字符串 str2 的大小

  D. 将 str2 所指字符串连接到 str1 所指的字符串后

（17）不合法的 main 函数参数的表示形式是（ ）。

  A. main(int a, char *c[ ])   B. main(int argc, char **argv)

  C. main(int argc, char *argv)   D. main(int argc, char *argv[ ])

（18）以下函数的功能是（ ）。

```
char * fun(char *str1, char *str2)
{
    while((*str1)&&(*str2++=*str1++));
    return str2;
}
```

  A. 求字符串的长度

  B. 比较两个字符串的大小

  C. 将字符串 str1 复制到字符串 str2 中

  D. 将字符串 str1 连接到字符串 str2 后

（19）以下选项中正确的语句是（ ）。

  A. char s[]; s="book";   B. char *s; s={"book"};

  C. char s[10]; s="book";   D. char *s; s="book";

（20）以下定义

```
int (*ptr)( );
```

叙述正确的是（ ）。

  A. ptr 是指向一维数组的指针变量

  B. ptr 是指向 int 类型数据的指针变量

  C. ptr 是指向函数的指针，该函数返回一个 int 类型的数据

  D. ptr 是一个函数名，该函数返回值类型为 int

（21）有如下程序

```
#include <stdio.h>
void main( )
{
    printf("%d\n", NULL);
}
```

该程序的输出结果是（ ）。

  A. 1   B. -1

  C. 0   D. NULL 无定义

（22）若有以下定义和语句：

```
void main( )
{
  int a=4, b=3;
  int *p = &a, *q = &b, *w = q, q = NULL;
}
```

则以下选项中错误的是（　　）。

　　A. *q = 0　　　　　　　　　　　　　B. w = p

　　C. *p = a　　　　　　　　　　　　　D. *p = *w

（23）有如下程序

```
#include <stdio.h>
void fun(char *c, int d)
{
    *c = *c+1;
    d++;
    printf("%c,%c,", *c, d);
}
void main( )
{
    char a = 'A', b = 'a';
    fun (&b, a);
    printf("%c,%c\n", a, b);
}
```

程序运行时的输出结果为（　　）。

　　A. a,B,a,B　　　　　　　　　　　　B. A,b,A,b

　　C. B,a,B,a　　　　　　　　　　　　D. b,B,A,b

（24）设有定义：char p[]={'1','2','3'},*q=p; ,以下不能计算出一个 char 型数据所占字节数的表达式是（　　）。

　　A. sizeof(p)　　　　　　　　　　　B. sizeof(char)

　　C. sizeof(*q)　　　　　　　　　　　D. sizeof(p[0])

（25）有如下程序

```
#include "stdio.h"
void fun(int n,int *p)
{
    int f1,f2;
    if(n==1||n==2)
        *p=1;
    else
    {
        fun(n-1,&f1);
```

```
            fun(n-2,&f2);
            *p=f1+f2;
        }
}
void main( )
{
        int s;
        fun(3,&s);
        printf("%d\n",s);
}
```

程序运行时的输出结果为（   ）。

  A. 2   B. 3

  C. 4   D. 5

2. 阅读程序写出运行结果

（1）下列程序的运行结果为（   ）。

```
#include <stdio.h>
void main()
{
    int a[]={8,4,5,13},*p;
    p=&a[2];
    printf("++(*p)=%d\n",++(*p));
    printf("*(--p)=%d\n",*(--p));
    printf("*p++=%d\n",*p++);
    printf("%d\n",a[0]);
}
```

（2）下列程序的运行结果为（   ）。

```
#include <stdio.h>
#include <string.h>
void main()
{
    char *c, a[]="Office";
    int i;
    for(i=0;i<strlen(a)/2;i++)
      {
          c=a;
          strcpy(c,c+1);
          printf("%s\n",c);
          puts(a);
      }
}
```

（3）下列程序的运行结果为（   ）。

```
#include <stdio.h>
#include <string.h>
void main()
{
    char *delsp(char *s);
    char s[]="    ab cd";
    puts(delsp(s));
}
char *delsp(char *s)
{
    char *t;
    for(t=s;*t==32;t++);    //将 32 改为 16、4、2 等结果不变
    return t;
}
```

（4）下列程序的运行结果为（   ）。

```
#include <stdio.h>
void main()
{
    int *a[10],b,c;
    a[0]=&b;
    *a[0]=5;
    c=(*a[0])+1;
    printf("%d,%d\n",b,c);
}
```

（5）下列程序的运行结果为（   ）。

```
#include <stdio.h>
#include <string.h>
void main()
{
    int a[2][3]={{1,2,3},{4,5,6}},b,*p;
    p=&a[0][0];
    b=(*p)*(*(p+2))*(*(p+4));
    printf("%d\n",b);
}
```

3．以下程序的功能是将已知字符串 s2 拷贝到 s1 中。请填空。

```
# include <stdio.h>
#define   N   20
void fun(char *s1, char *s2)
{
```

```
    while(*s2!='\0')
     {
      *s1=*s2;
         ①      ;
         ②      ;
     }
    *s1=0;
}
void main()
{
    char s1[N];
    char s2[N]="Hello";
    fun(    ③     );
    puts(s1);
}
```

第 7 章　复合数据类型和类型定义

本章导读

- 知识点介绍
- 结构体类型实习
- 联合类型、枚举类型及位运算实习
- 思考、练习与测试

7.1　知识点介绍

复合类型是一种自定义类型，用于扩展基本数据类型，它是根据语法规则由基本数据类型组合而成的。复合数据类型包括：结构类型、联合类型和枚举类型。通过这些复合数据类型，可以扩展 C 语言的描述机制。

7.1.1　结构体

1. 结构体类型

（1）结构体类型的说明

我们知道 C 语言的基本数据类型有整型、浮点型、字符型、双精度型。但是，在解决实际问题中，经常会遇到一组数据具有不同的数据类型。例如学生记录包含学号、性别、姓名、年龄、电话号码等。C 语言中给出了另一种属于构造类型的结构体类型（或结构类型）。该类型是由若干"成员"组成，每一个成员可以是一个基本数据类型或者是一个结构类型。在说明和使用之前必须先定义它，也就是构造它。

结构类型的定义

结构类型包括两部分，一是结构类型名，二是结构成员。一般形式为：

```
struct  结构名
{
    成员列表
};
```

成员列表由若干个成员组成，对每一个成员也必须做类型说明其形式为：

```
类型说明符  成员名;
```

成员名的命名应符合标识符的书写规定，例如构造学生结构体，它包括学号、姓名、性别、成绩等信息。

```
struct student
{
    int num;
```

```
        char name[12];
        char sex;
        float score;
    };
```

在这个结构定义中，结构名为 student，第一个成员为 num，整型变量；第二个成员为 name，字符数组；第三个成员为 sex，字符变量；第四个成员为 score，实型变量。

注意：

① 在定义类型时，"struct" 是定义结构类型的关键字因此不能被省略。

② 成员列表是对结构类型中各成员组成的一个说明，每个成员名后的分号不能省略。

③ 结构类型定义作为一条语句，其最后一个花括号外的分号不能省略。

（2）结构体类型的变量、数组和指针变量的定义

结构变量说明，包括下面三种方法。

① 先定义结构，然后说明结构变量。

例如：

```
    struct student
    {
        int num;
        char name[12];
        char sex;
        float score;
    };
struct student zhang, liu;
```

说明了 zhang 和 liu 两个变量为 student 结构类型。

② 在定义结构类型的同时说明结构变量。

例如：

```
    struct student
    {
        int num;
        char name[12];
        char sex;
        float score;
    } zhang, liu;
```

定义 student 结构类型的同时说明了 zhang 和 liu 两个变量为 student 结构类型。

③ 直接说明结构变量。

例如：

```
    struct
    {
        int num;
        char name[12];
        char sex;
```

```
        float score;
    } zhang, liu;
```

　　第三种方法与第二种方法的区别在于第三种方法中省略了结构名，而直接给出结构变量。

　　尽管这几种方法都可以使用，还是推荐使用第一种方式，先定义结构类型，再定义结构变量，程序的可读性更好。

　　既然自定义的结构类型和基本数据类型是一样的。因此也可以定义结构类型的指针、数组。

　　例如：

```
struct student class[3];
struct student *pstu1;
```

　　说明数组 class 为 student 结构类型，指针变量 pstu1 为 student 结构类型。

　　另外，在 C 语言程序设计中有时要用到结构类型的嵌套。

　　嵌套结构类型的定义有以下两种形式。

　　形式一：

　　　　例如：

```
    struct teacher
    {
        int num;
        char name[12], sex ;
        float gongzi;
        struct date       // 嵌套结构类型
        {
            int  year, month, day ;
        }birthday;
    }zhaox;
```

　　形式二：

　　　　例如：

```
    struct date
    {
        int   year, month, day;
    };
    struct teacher
    {
        int num;
        char name[12], sex ;
        float gongzi;
        struct date birthday;   //嵌套结构类型
    };
    struct   teacher   zhaox ;
```

建议采用第二种形式。

（3）给结构体变量、数组赋初值

① 给结构体变量赋值就是给各个成员赋值。

因为结构成员按定义中的先后顺序排列的，所以在对结构变量初始化时，同数组的初始化类似。

简单结构体变量的初始化，在定义变量的同时初始化该变量。

例如：

```
struct worker
    {
        int num;
        char name[12], sex ;
        float gongzi;
}sun={158,"SunBing",'m',5500};
```

给嵌套结构体变量的初始化举例如下：

```
    struct date
    {
        int  year, month, day ;
    }birthday;
    struct teacher
    {
        int num;
        char name[12], sex ;
        float gongzi;
        struct date birthday;
}shen={158, "ShenXing",'m',6500,{1976,10,5}};   //内部的花括号可以省写
```

另外，给结构体变量赋值也可以先定义结构变量，然后分别对成员进行初始化赋值也是合法的，但是需要用到成员访问运算符 "."。

例如：

zhaox.num=158;

② 结构体数组的初始化

对结构体数组的初始化赋值，和结构变量的初始化是一样的，如果对全部元素做初始化赋值，也可以不给出数组长度。

例如：计算学生的平均成绩。

```
#include <stdio.h>
struct student
    {
        int num;
        char *name;
        char sex;
        float score;
```

```
        }stu[3]={
            {158,"LiuBing",'m',66},
            {159,"zhangJun",'f',88},
            {200,"WangDong",'m',79}
            };
    main()
    {
        int i;
        float avg,sum=0;
        for(i=0;i<3;i++)
        {
            sum=sum+stu[i].score;
        }
        avg=sum/3;
        printf("average=%f\n",avg);
    }
```

本程序中，定义了一个外部结构名为 student 的结构体数组 stu，共有 3 个元素，并做了初始化赋值。在 main 函数中用循环语句逐个累加各个元素的 score 值并保存在变量 sum 中，循环结束后计算平均分，并输出平均成绩。

（4）结构体变量中的数据引用

在程序中，对结构变量的赋值、输入、输出、运算等都是通过结构变量的成员来实现的。它们的使用和普通变量一样。

表示结构变量成员的一般形式如下：

结构变量名.成员名

sun.num   //结构名为 teacher 的结构变量 sun 的编号

stu[i].score   //结构名为 student 的结构体数组 stu 第 i 个元素的成绩

另外，嵌套结构则必须逐级找到最低级的成员才能使用。

例如：

shen.birthday,year   //结构名为 teacher 的结构变量 shen 的出生年份

下面程序的功能是建立职工的记录，可以使读者加深理解结构体变量的数据引用。

```
#include <stdio.h>
#define NUM 4
struct worker
{
    int num;
    char   name[12], sex ;
    float   gongzi;
};
main()
{
```

```
    struct worker people[NUM];
    int i;
    for(i=0;i<NUM;i++)
    {
        printf("请输入职工编号：\n");
        scanf("%d",&people[i].num);
        printf("请输入职工姓名：\n");
        scanf("%s",people[i].name);
        getchar();       // 吸收一个回车符
        printf("请输入职工性别：\n");
        scanf("%c",&people[i].sex);
        printf("请输入职工工资：\n");
        scanf("%f",&people[i].gongzi);
    }
    printf("姓名\t\t 工资\n");
    for(i=0;i<NUM;i++)
    {
        printf("%s\t\t%f\n",people[i].name,people[i].gongzi);
    }
}
```

在本例中定义了一个结构名为 worker 的结构体数组 people，在第一个循环语句中，分别输入各个元素中成员的值，在第二个循环语句中输出各个元素中姓名成员和工资成员的值。

（5）利用结构体构成链表

每次为一个结构动态分配的内存空间称之为一个结点。使用动态分配内存空间时，相邻两个结点之间可以是不连续的。此时，结点之间的联系一般用指针来实现，即在结点结构中定义一个成员项用来存放其下一个结点的首地址，这个用于存放地址的成员称之为指针域。

例如：

```
struct student
{
    int num;
    char   name[12];
    char sex ;
    float   score;
    struct student *next;
};
```

这里的 next 是成员名，它是指针类型的，指向 struct student 类型数据。

当第一个结点的指针域内存入第二个结点的首地址，在第二个结点的指针域内又存放第三个结点的首地址，如此串连下去直到最后一个结点。最后一个结点因无后续结点连接，其指针域可赋值为 0。这样一种连接方式，在数据结构中成为链表。

例如：用链表结构组织学生数据的存储如图 7-1 所示。

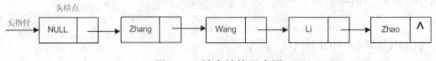

图 7-1　链表结构示意图

在此链表的示意图中，每个结点都分为两个域，一个是数据域，存放各种实际的数据，如学号 num，姓名 name，性别 sex 和成绩 score 等。另一个是指针域，存放下一个结点的首地址。其中第 0 个结点称为头结点，它存放有第一个结点的首地址，它没有数据，只是一个指针变量。最后一个结点因没有后续结点，它的数据域存放最后一个学生的实际数据，而指针域赋值 0。

对链表的主要操作有建立链表、结构的查找与输出、结点数据的删除和结点数据的插入等。

① 动态链表的建立

动态链表的创建有两种方式。

- 先进先出单链表。在建立单链表时，将每次生成的新结点总是插入到当前链表的表尾作为尾结点。
- 后进先出单链表。在建立单链表时，将每次生成的新结点总是插入到当前链表的表头结点之后作为当前链表的首结点。

这两种方法大同小异，主要区别在于对插入结点的前一结点跟踪及对应指针域的处理。在建立链表时，一般选择先进先出单链表的创建方式。

具体创建步骤：

第一步，创建空表，定义头结点指针域为空。

第二步，准备建表，定义两个指针 p 和 q，约定 p 恒指向链表末尾结点，q 恒指向待插入结点。

第三步，申请新结点，作为待插入结点。

第四步，插入新结点，将新结点插入到链表的末尾，作为当前末尾结点。

第五步，只要待插入结点个数小于链表中预定结点个数，则转到第三步继续插入。

② 结构的查找与输出

利用一个工作指针 p，从头到尾依次指向链表中的每一个结点；当指针指向某一个结点时，就输出该结点数据域中的内容，直到遇到链表的结束标志为止。如果是空链表，就只输出有关信息并返回调用函数。

链表的输出过程有以下几步：

第一步，确定表头，并约定指针 p 恒指向待输出结点。

第二步，若待输出结点非空，则输出结点数据域的值；若为空，则退出。

第三步，跟踪链表地址域，找到下一个待输出结点。

第四步，转到第二步，继续输出。

例如：

下面的程序段是利用前面的 student 结构类型构成的链表，输出每个学生的姓名。

......
struct student *p;
p=head->next;　// head 是建立 student 结构类型链表的头指针，即首地址。
while(p!=NULL)
{
　　printf("%s\n", student->name); //输出链表中每个学生的姓名
　　p=p->next;
}
......

③ 结点数据的删除

为了删除单向链表中的某个结点，首先要找到待删除结点的前趋结点，然后将此前趋结点的指针域去指向待删除结点的后续结点（p->next=q->next），最后释放被删除结点所占存储空间（free(q)）即可。

例如：

单向链表中的结点结构为：

struct node
{
　　int data;
　　struct node *next;
}*p,*q,*r;

则将 q 所指结点从链表中删除，同时要保持链表的连续，即 q->next 中存放的是 r 所指结点的首地址，如果将 r 所指结点的首地址存于 p->next 中，就可以删除 q 所指结点，并保持链表的连续（即 p 所指结点与 r 所指结点相连）。

p->next=q->next;

或 p->next=r;

或 p->next= p->next->next;

在有 n 个结点的单链表中，删除第 i 个结点的操作如图 7-2 所示。

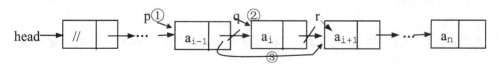

图 7-2　删除单链表的第 i 个结点示意图

④ 结点数据的插入

在单向链表中插入结点，首先要确定插入的位置。当待插结点插在指针 p 所指结点之前称为前插；待插结点插在指针 p 所指结点之后称为后插。

2. 已知类型的别名

C 语言允许用 typedef 定义已知类型的别名。这样可以简化程序的输入，也更易于程序的理解和移植。

用 typedef 定义已知类型的别名格式为：

typedef 类型名 标识符；

其中的"类型名"必须是在此之前已经定义的类型标识符；"标识符"是用户定义的用作已知类型别名的标识符。

typedef 语句的作用仅仅是用"标识符"来代表已经存在的"类型名"，并未产生新的数据类型，原有类型名仍然有效。

例如：

typedef int zhengx;   //int 的别名为 zhengx

zhengx a,b;   //说明 a 和 b 为整型变量

7.1.2 联合类型

1. 联合类型的说明和变量定义

联合类型又称共用体类型或共用体。联合类型的说明和变量的定义方式与结构体类型说明和变量的定义方式相类同。它们的区别是结构体变量中的成员各自占有自己的存储空间。而联合类型变量中的所有成员占有同一个存储空间。说明格式为：

union 联合名

{

　　数据类型 1   成员名 1;

　　数据类型 2   成员名 2;

　　……

　　数据类型 n   成员名 n;

}联合变量名表;

定义联合类型的变量、数组、指针变量还可以用以下 3 种方式：

● 　先说明联合类型，再单独进行定义。

● 　说明一个无名联合类型的同时，直接进行定义。

● 　使用 typedef 说明一个联合类型名，再用新类型名来定义变量。

例如：

union share

{

　　int class;

　　char position[20];

}data,*p;

此为紧跟在联合类型 union share 说明之后定义联合变量 data 和联合指针变量 p。也可以分开定义。

union share

{

　　int class;

　　char position[20];

};

union share data, *p;

此为先说明联合类型 union share，再单独定义联合变量 data 和联合指针变量 p。

本例中的联合变量，包含整型成员 class 和字符成员 position，它们将共用一个内存空间。

定义联合变量应注意以下几点：

① 联合变量在定义的同时只能用第一个成员的类型的值进行初始化。

② 联合变量与结构变量的本质区别：结构变量中的每个成员分别占有独立的存储空间，因此结构变量所占内存字节数是其成员所占字节数的总和；而联合变量中的所有成员共享一段公共存储区，所以联合变量所占内存字节数与其成员中占字节数最多的那个成员相等。

③ 由于联合变量中的所有成员共享存储空间，因此变量中的所有成员的首地址相同，而且变量的地址也就是该变量成员的地址。

2. 联合变量的引用

联合变量中每个成员的引用方式有以下 3 种：

① 联合变量名.成员名

② 联合指针变量名->成员名

③ (*联合指针变量名).成员名

说明：在访问联合变量成员时，联合变量中起作用的是最近一次存入的成员变量值，原有成员变量的值将被覆盖。

7.1.3　位运算

1. 位运算符

在此之前介绍的各种运算都是以字节作为最基本单位进行的运算，位运算则是以位（bit）一级进行的运算。C 语言提供了 6 种位运算符。各种位运算符的含义见表 7-1。

表 7-1　位运算符

运算符	含义	优先级	举例
~	按位取反	1(高)	~101=010
<<	左移	2	010<<2=01000
>>	右移	2	100>>1=010
&	按位与	3	101&100=100
^	按位异或	4	101^100=001
|	按位或	5(低)	110|000=110

说明：

① 位运算符除了"~"外，均为双目运算符，即要求运算符两侧各有一个运算量。

② 运算量不能为实型数据，只能为整型或字符型的数据。

2. 位运算符的作用

（1）按位取反运算

运算符"~"是单目运算符，运算对象位于运算符的右边，其功能是把运算对象的内容按位取反，即使 0 变成 1；使 1 变成 0。

例如：计算 i，j 的输出值。

```
main( )
{
    int i,j;
```

```
    i=7^3; j=~4&3;
    printf("i=%d, j=%d\n",i,j);
}
```

本例中，7 的二进制形式为 111，3 的二进制形式为 011，所以"7^3"的二进制形式为 111^011=100，而 100 转换为十进制数为 4；4 的二进制形式为 100，3 的二进制形式为 011，所以"~4&3"的二进制形式为~100&011=011&011=011，而 011 转换为十进制数为 3。故本例的输出结果为：i=4, j=3

（2）左移运算

运算符"<<"是双目运算符。其左边是移动对象，右边是整型表达式代表左移的位数。左移时，右端低位补 0，左端高位移出的部分舍弃。

例如：计算 k 的输出值。

```
main()
{
    int i=1,j=2,k;
    k=i^(j<<2);
    printf("k=%d\n",k);
}
```

本例中，变量 j 的初始值为 2，所以"j<<2"表示 j 的二进制值左移两位，即扩大 4 倍，所以变量 j 的值变为 8，然后与 i 的值 1 进行异或运算的结果为 9。故本例的输出结果为：k=9

（3）右移运算

运算符">>"是双目运算符。其左边是移动对象，右边是整型表达式代表右移的位数。右移时，右端低位移出的部分舍弃，左端高位移入的二进制数分两种情况：对于无符号整数和正整数，高位补 0；对于负整数，高位补 1。

例如：计算 k 的输出值。

```
main()
{
    int i=2,j=4,k;
    k=i^j>>2;
    printf("k=%d\n",k);
}
```

本例中">>"的优先级高于"^"。先计算 j>>2 得二进制数 001；由于 i=2 换算成二进制数为 010，所以再计算 010^001，得二进制数为 011，即十进制数为 3。

（4）按位与运算

按位与"&"运算的作用是将参加运算的两个数中相对应的二进制位上，分别进行"与"运算，当两个相应的位都为 1 时，该位的结果为 1，否则为 0。

例如：计算 k 的输出结果。

```
main()
{
    int i=7,j=5,k;
```

```
    k=i&j;
    printf("k=%d\n",k);
}
```

因为 i=7 换算成二进制数为 111，j=5 换算成二进制数为 101，所以 i 和 j 的与运算结果为二进制数 101，即十进制数 5。

（5）按位异或运算

按位异或"^"运算的作用是将参加运算的两个数中相对应的二进制位上，若数相同，则该位的结果为 0；若数不同，则该位的结果为 1。

例如：计算 k 的输出值。

```
main()
{
    int i=2,j=3,k;
    k=i^j;
    printf("k=%d\n",k);
}
```

本例中，变量 i=2，换算成二进制数为 010，变量 j=3，换算成二进制数为 011，两数的异或运算结果为二进制数 001。故本例的输出结果为：k=1。

（6）按位或运算

按位或"|"运算的作用是将参加运算的两个数中相对应的二进制位上，若数同为 0，则该位的结果为 0；否则为 1。

例如将按位异或运算例子中的"k=i^j;"改为"k=i|j;"，则输出结果为：k=3。

（7）位数不同的运算数之间的运算规则

① 先将两个运算数右端对齐。

② 再将位数短的一个运算数往高位扩充（无符号数和正整数左侧用 0 补全，负数最左侧用 1 补全），然后对应数相等的两个运算数按位进行运算。

7.1.4 枚举类型

在实际问题中，有些变量的取值被限定在一个有限的范围内。例如，一个星期内只有七天，一年只有十二个月等。如果用一个整型变量来表示星期几，指定 0 到 6 为合法的值，似乎也是可以的，但缺点是在数值和星期几间的联系并不直观，另一方面，该变量中是可以存放非法值的。为此，C 语言提供了一种称为"枚举"的类型。在"枚举"类型的定义中列举出所有可能的取值，被说明为该"枚举"类型的变量取值不能超过定义的范围。也就是说，枚举类型是专为需要限定取值范围的一类变量而设计的一种数据类型，该类型的定义只须将变量允许取的值一一列举出来。

枚举类型用于取值有限的数据

例如：

```
enum    weekdays{Sun, Mon, Tue, Wed, Thur, Fri, Sat};
void main( ){
    enum weekdays    today, yesterday, tomorrow;
    //可直接给枚举类型变量赋枚举值
    today = Sun;
```

```
//也可以作其他的运算，如关系运算
if( today !=Sun && today != Sat)
        printf("today 是工作日。");
else
        printf("today 是劳动者的休息日！");

    yesterday = (enum weekdays)6; //不同类型的数据赋值，需要强制转换
}
```

枚举值都由一个具体的"整数数值"来表示，默认第一个枚举值为 0，依次累加。

但通常并不直接使用该数值，很显然 Sun 表示星期天，比 0 来表示星期天更容易被人理解。把枚举看成是一个新的类型，是和整数不同的，尽管枚举值在计算机内部是用整数来表示的。

7.2　实习一　结构类型实习

7.2.1　实习目的
1. 学习结构类型及结构变量的定义。
2. 学习结构类型变量的访问和操作。
3. 使用结构类型，解决常见的问题。

7.2.3　实习内容
1. 阅读并运行下面的程序，学习访问结构成员的方法。

```
# include <stdio.h>
struct weather {
    float temp;          // 温度
    float wind;          // 风力
} today;                 // 定义结构变量 today
void main( ){
    today.temp=28.5;  // 给结构成员赋值
    today.wind=4.0;
    printf("temp:%.1f\nwind:%.1f\n", today.temp, today.wind);
}
```

提示与分析：

此程序定义了一个结构体 struct weather，包含两个 float 类型的成员 temp 和 wind。在定义结构类型的同时，也定义了该结构的变量 today。主函数中通过结构体成员运算符"."，给成员赋值，并输出成员的值。

2. 写出下面程序的运行结果，然后上机验证。

```
#include <stdio.h>
#include <string.h>
void main( ){
```

```
struct stu{
    int num;
    char name[20];
    float score;
}s1, *p;
p = &s1;
s1.num = 100121;
strcpy(s1.name, "Li Lin");
p->score = 89.0;
printf("%d,%s,%.1f\n", p->num, p->name, s1.score);
}
```

提示与分析：

先定义一个结构体变量 s1，及一个结构体指针变量 p；然后将 p 初始化指向 s1；通过结构体成员运算符"."和指向结构体成员运算符"->"给 num 和 score 赋值，通过字符串拷贝函数 strcpy 将一个字符串拷贝到字符数组 name 中。最后输出结构体的成员信息。

3. 写出下面程序的运行结果，然后上机验证。

```
#include<stdio.h>
struct student {
    int n;
    char name[10];
}d, *p=&d;
void main( ){
    struct student a = {10011,"Zhang"}, b = {10021, "Wang"};
    d = a;
    if(a.n < b.n)
        d = b;
    printf("%d,%s\n", p->n, p->name);
}
```

提示与分析：

将一个结构体变量赋值给另一个同类型的结构体变量，其行为是按字节进行复制。尽管结构体中存在数组成员，这种复制也是允许的。

4. 下面程序的功能是对一维数组进行排序，请填空并运行该程序。

```
#include <stdio.h>
struct data
{
    int n;
    float s[10];
};
void fun(struct data *p)
{
```

```
        int i, j;
        float t;
        for(i=0; i < p->n-1; ++i)
            for(j=i+1; j < p->n; ++j)
                if(p->s[i] > p->s[j])
                    { t = p->s[i]; p->s[i] = p->s[j]; p->s[j] = t;}
    }
    void main( )
    {
        int i;
        struct data a = { 5, {3.6, 0.5, 5.0, 10.3, 6.8} };
        fun(_____);
        for(i=0; i<a.n; ++i)
            printf("%.1f   ", _____);
        printf("\n");
    }
```

提示与分析：

① 函数 fun( )接受一个结构指针参数，采用冒泡排序算法对结构中的数据进行排序。main()函数中，调用该函数，并输出排序后的结果。

② 函数中的参数为什么被设计成结构指针类型，而不是简单的结构类型？如果将函数原型设计成 void fun(struct data s)，程序应如何修改？

5. 某单位有 5 位候选人参加选举，每个人的信息包含姓名和得票数。下面是统计每人得票数的程序，请填空并运行该程序。

```
#include <stdio.h>
#include <string.h>
#define N 5
struct counter{
    char name[20];
    int sum;
};
void main( ) {
    struct counter vote[N]={"Wang", 0, "Li", 0 , "Zhao", 0, "Sun", 0, "Zhou", 0};
    char name[20];
    int i;
    printf("请输入候选人姓名[0 结束]:\n");
    while(1) {
        gets(name);
        if(strcmp(name, "0")==0)
            break;
        for(i=0; i<N; i++)
```

```
            if(strcmp(name, vote[i].name)==0)
                _____;
    }
    printf("各位候选人得票数:\n");
    for(i=0; i<N; i++)
    printf("%s 得票数为%d\n", vote[i].name, vote[i].sum);
}
```

提示与分析：

① 该程序循环读入选票信息（候选人姓名），然后查找并更新该候选人对应的票数。

② 如果输入的候选人姓名在数组中不存在，程序是如何处理的？你有什么改进的建议吗？如何实现？（回顾链表的知识）

6. 定义一个日期结构变量，计算该日期是本年度的第几天。

7. 编写程序，使用结构类型，统计从键盘读入的英文段落中的每个单词的出现次数。

8. 编写程序，管理学生信息，每个人的信息包括学号、姓名、三门课程成绩及平均分。

（1）学生信息记录，以动态链表的形式存储。

（2）链表中的记录按平均分的降序排列。

（3）实现函数 readRecord，从键盘读入多名学生的信息（平均分由程序自动计算）。

（4）实现函数 writeRecord，格式化输出所有学生的信息。

（5）在 main 函数中，测试已实现的函数。

7.3　实习二 联合类型、枚举类型及位运算实习

7.3.1　实习目的

1. 学习联合类型及联合变量的定义和使用。

2. 学习枚举类型及枚举变量的定义和使用。

3. 学习位运算的使用。

7.3.2　实习内容

1. 写出下面程序的运行结果，然后上机验证。

```
#include <stdio.h>
void main( ){
    union {
        char c[2];
        short a;
    }un;
    un.a = 266;
    printf("%d,%d\n", un.c[0], un.c[1]);
}
```

提示与分析：

在 VC 中，short 类型有 2 个字节，即 16bit 来描述。将十进制的 266 转换成二进制：

00000001 00001010。考虑到联合的性质，按整数的方式输出两个字节。如果高字节放在高地址，就会输出 1，10；否则，会输出 10，1。请上机验证。

2. 写出下面程序的运行结果，然后上机验证。

```
#include <stdio.h>
#include <string.h>
union {
    char str[20];
    struct{ char c1, c2, c3;}ch;
}un;
void main( ){
    strcpy(un.str, "Tianjin");
    printf("%c,%c\n", un.ch.c2, un.ch.c3);
}
```

提示与分析：

① 联合中嵌套结构体，联合中的两个成员不能同时存在，通常往一个联合成员变量中写入数据后，也通过访问该成员变量来获取数据。但也可以往一个联合成员变量中写数据，然后读另外一个成员变量，这样做是合法的，表示将这块内存的二进制信息按另一种类型来理解。

② 在程序中，往联合成员数组 str 中写入字符串，然后按照结构成员类型来理解，显然 un.ch.c1 表示字符'T'。可以用图示的方法帮助理解。

3. 编写程序，模拟"剪刀石头布"游戏。定义枚举变量：

enum gest{ SCISSOR, STONE, CLOTH };

4. 下面程序的功能是取出正整数 n 从右端开始的 4～7 位，请填空并运行该程序。

```
# include <stdio.h>
void main( )
{
    int n;
    printf("请输入一个整数：");
    scanf("%d", &n);
    printf("%#x\n",   (n>>4) &_____);
}
```

提示与分析：

先将 n 右移 4 位，于是 4～7 位移到右端，然后与一个低 4 位全为 1、其余位全为 0 的数 0x000f 进行按位与运算。

5. 编写程序，统计一个无符号数的二进制表示中 1 的个数.

提示与分析：

函数的原型：int countBit(unsigned int x)。

6. 编写程序，对一个 32 个的无符号数做循环右移。循环右移是将低位移出的部分再补到高位去，例如：将 0XAF12BBDD，循环右移 4 位的值为 0XDAF12BBD。

提示与分析：

函数的原型：unsigned int rotateRight(unsigned int x, int n);

7.4　思考练习与测试

一、思考题

1. 简答题

（1）比较结构体与数组的异同。

（2）若有定义

stuct date

{

　　int day;

　　char month;

　　int year;

}dd,*pd=ⅆ

写出引用结构变量 dd 的成员 dd.day 的其他两种描述形式。

2. 读程序片段写输出结果

（1）程序片段

　　int i=1;

　　printf("%d\n",~i);

写出此程序片段的输出结果。

（2）程序片段

　　int i=-8, j=248;

　　printf("%d,%d\n",i>>2,j>>2);

写出此程序片段的输出结果。

（3）程序片段

　　int i=20,j=025;

　　printf("%d\n",i^j);

写出此程序片段的输出结果。

（4）程序片段

　　char i=0x1b;

　　printf("0x%x\n",i<<2);

写出此程序片段的输出结果。

二、练习题

1. 选择题

（1）若有如下说明，则叙述是正确的是（　　）。

　struct　　st

　{

　　int a,b[2];

　}a;

A.结构体变量 a 与结构体成员 a 同名，定义是非法的

B.程序只在执行到该定义时才为结构体 st 分配存储单元

C.程序运行时为结构体 st 分配 6 个字节存储单元

D.类型名 st 可以通过 extern 关键字提前引用（即引用在前，说明在后）

（2）设有如下定义：

```
struct sk
{
    int     a;
    double b;
}data,*p;
 p=&data;
```

则以下对 data 中的 a 域引用的正确引用是（　　）。

A.(*p).data.a　　　　　　　　　　　　B.(*p).a

C.p->data.a　　　　　　　　　　　　　D. p.data.a

（3）有以下结构体说明、变量定义和赋值语句

```
struct    STD
{
    char    name[10],sex;
    int     age;
}s[5],*p;
p=&s[0];
```

则以下 scanf 函数调用语句中错误引用结构体变量成员的是（　　）。

A.scanf("%s",s[0].name);　　　　　　B.scanf("%d",&s[0].age);

C.scanf("%c",&(p->sex));　　　　　　D.scanf("%d",p->age);

（4）有以下结构体说明和变量定义，如图 7-3 所示：

```
structnode
{
    int     data;
    struct node *next;
}*p,*q,*r;
```

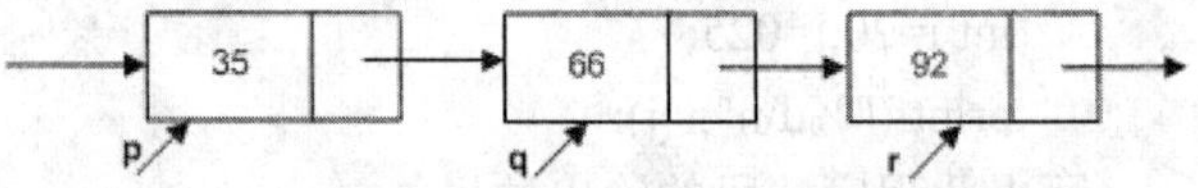

图 7-3

现要将 q 所指结点从链表中删除，同时要保持链表的连续，以下不能完成指定操作的语句是（　　）。

A.p->next=q->next;　　　　　　　　B.p->next=p->next->next;

C.p->next=r;　　　　　　　　　　　　D.p=q

（5）若有以下说明和定义

```
Union dt
{
    int     a;
    char b;
```

```
        double c;
}data;
```

以下叙述中错误的是（　　）。

A.data 的每个成员起始地址都相同

B.变量 data 所占的内存字节数与成员 c 所占字节数相等

C.程序段 data.a=5;printf("%f\n",data.c);输出结果为 5.000000

D.data 可以作为函数的实参

（6）若有以下定义和语句

```
union    date
{
    int     i;
    char c;
    float f;
}x;
int    y;
```

则以下语句正确的是（　　）。

A.x=10.5;　　　　　　　　　　　　B.x.c=66;

C.y=x;　　　　　　　　　　　　　　D.printf("%d\n",x);

（7）若有以下定义，则变量 a 所占的内存字节数是（　　）。

```
union    U
{
    char st[4];
    int     i;
    long l;
};
struct    A
{
    int    c;
    union U u ;
}a;
```

A.4　　　　　　　　　　　　　　　　B.5

C.6　　　　　　　　　　　　　　　　D.8

（8）以下对枚举类型名的定义中正确的是（　　）。

A.enum   a={one,two,three};

B.enum   a{one=9,two=-1,three};

C.enum   a={"one","two","three"};

D.enum   a{"one","two","three"};

（9）以下叙述中错误的是（　　）。

A.可以通过 typedef 增加新的类型

B.可以用 typedef 将已存在的类型用新的名字来代表

    C. 用 typedef 定义新的类型名后，原有类型名仍有效

    D. 用 typedef 可以为各种类型起别名，但不能为变量起别名

（10）以下对结构体类型变量 td 的定义中，错误的是（   ）。

A.struct	B.struct aa
{int n;	{int n;
float m;	float m;
}td;	}td;
C.struct	D.typedef struct aa
{int n;	{int n;
float m;	float m;
}AA;	}AA;
AA td;	AA td;

2. 阅读程序题

（1）以下程序执行后的输出结果是（   ）。

```
#include<stdio.h>
#include<string.h>
struct    STU
{
    char    name[10];
    int     num;
};
void f(char    *name,intnum)
{
    struct STU    s[2]={{"SunDan",20044},{"Penghua",20045}};
    num=s[0].num;
    strcpy(name,s[0].name);
}
void main()
{
    struct STU s[2]={{"YangSan",20041},{"LiSiGao",20042}},*p;
    p=&s[1];
    f(p->name,p->num);
    printf("%s%d\n",p->name,p->num);
}
```

（2）以下程序执行后的输出结果是（   ）。

```
#include<stdio.h>
struct data
{
    int n;
```

```
        int a[20];
    };
    void f(struct data *p)
    {
        int i,j,t;
        for(i=0;i<p->n-1;i++)
            for(j=i+1;j<p->n;j++)
                if(p->a[i]>p->a[j])
                { t=p->a[i];
                    p->a[i]=p->a[j];
                    p->a[j]=t;
                }
    }
    void main()
    {
        int i;
        struct data s={10,{2,3,1,6,8,7,5,4,10,9}};
        f(&s);
        for(i=0;i<s.n;i++)
            printf("%d,",s.a[i]);
    }
```

（3）以下程序执行后的输出结果是（　　）。

```
    #include<stdio.h>
    typedef   struct    node
    { int num;
        struct node *next;
    }NODE;
    void main()
    {
        NODE s[3]={{1,'\0'},{2,'\0'},{3,'\0'}},*p,*q,*r;
        int sum=0;
        s[0].next=s+1;
        s[1].next=s+2;
        s[2].next=s;
        p=s;
        q=p->next;
        r=q->next;
        sum+=q->next->num;
        sum+=r->next->next->num;
        printf("%d\n",sum);
```

```
        }
（4）以下程序执行后的输出结果是（   ）。
        #include<stdio.h>
        typedef struct bits
        {   unsigned a:1;
            unsigned b:3;
            unsigned c:10;
        }BITS;
        void main()
        {
            BITS bit,*p;
            bit.a=1;
            bit.b=7;
            bit.c=15;
            printf("%d,%d,%d;",bit.a,bit.b,bit.c);
            p=&bit;
            p->a=0;
            p->b&=3;
            p->c|=1;
            printf("%d,%d,%d\n",p->a,p->b,p->c);
        }
（5）以下程序执行后的输出结果是（   ）。
        #include<stdio.h>
        void main()
        {
            enum em{em1=3,em2=1,em3};
            char *aa[]={"AA","BB","CC","DD"};
            printf("%s%s%s\n",aa[em1],aa[em2],aa[em3]);
        }
（6）以下程序执行后的输出结果是（   ）。
        #include<stdio.h>
        typedef union un
        {
            short int i;
            char c[2];
        }UN;
        void main()
        {
            UN x;
            x.c[0]=2;
```

```
        x.c[1]=1;
        printf("%d\n",x.i);
    }
```

3. 编程题

（1）某单位进行选举，共 10 位候选人，编写一个统计每人得票数的程序，要求每个人的信息包含候选人姓名和获得总票数。

（2）期末考试结束，已知某班学生共参加 3 门课程考试，要求计算该班学生的总成绩，并请将每位学生信息（包括总成绩）按总成绩降序排列输出。

（3）13 个学生围成一个圈子，从第一个同学开始顺序报号 1、2、3。凡报到 3 者退出圈子。找出最后留在圈子中的人原来的序号，请用链表实现。

（4）有两个链表 a 和 b，设结点中包含学号和姓名，要求从 a 链表中删去与 b 链表中有相同学号的那些结点，并将整理后的 a 链表与 b 链表按学号顺序合并为一个链表。

三、测试题

1. 选择题

（1）设有以下说明语句

```
struct stu {
        int a;
    float b;
} stutype;
```

则下面的叙述不正确的是（　　）。

A. struct 是结构体类型的关键字

B. struct stu 是用户定义的结构体类型

C. stutype 是用户定义的结构体类型名

D. a 和 b 都是结构体成员名

（2）若以下定义：

```
struct link {
int data;
struct link *next;
} a,b,c,*p,*q;
```

且变量 a 和 b 之间已有如图 7-4 所示的链表结构：

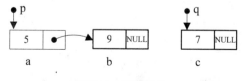

图 7-4　链表结构

指针 p 指向变量 a，q 指向变量 c。则能够把 c 插入到 a 和 b 之间并形成新的链表的语句组是（　　）。

A. a.next = c;　c.next = b;

B. p.next = q;　q.next = p.next;

C. p->next = &c;   q->next = p->next;

D. (*p).next = q;   (*q).next = &b;

（3）已知：

```
union{
    double k;
    char c;
    float a;
} test;
```

则 sizeof(test)的值是（   ）。

A. 8   B. 1

C. 4   D. 13

（4）以下正确的描述是（   ）。

A.对共用体初始化时，只能对第一个成员进行初始化，每一瞬时起作用的成员是最后一次为其赋值的成员

B.结构体可以比较，但不能将结构体类型作为函数返回值类型

C.函数定义可以嵌套

D.关键字 typedef 用于定义一种新的数据类型

设有如下定义：

```
struck sk{
    int a;
    float b;
} data;
int *p;
```

（5）若要使 P 指向 data 中的 a 域，正确的赋值语句是（   ）。

A. p = &a;

B. p = data.a;

C. p = &data.a;

D. *p = data.a;

（6）以下对结构体类型变量的定义中，不正确的是（   ）。

```
A. typedef struct aa{
    int n;
    float m;
    }AA;
    AA td;

C. #define AA struct aa
    AA{
    int n;
    float m;
    } td

B. struct{
```

```
        int n;
        float m;
    } aa;
    struct aa td;
D. struct{
    int n;
    float m;
    } td;
```

（7）有如下程序段：

```
#include <stdio.h>
union pw{
    int i;
    char ch[2];
}a;
void main( ){
    a.ch[0] = 13;
    a.ch[1] = 0;
    printf("%d\n", a.i);
}
```

程序的输出结果是（　　）。

A. 13   B. 14

C. 208   D. 209

（8）设有以下语句：

```
char x=3, y=6, z;
z = x^y<<2;
```

则 z 的二进制值是（　　）。

A. 00010100   B. 00011011

C. 00011100   D. 00011000

（9）当说明一个结构体变量时系统分配给它的内存是（　　）。

    A. 各成员所需内存量的总和

    B. 结构中第一个成员所需内存量

    C. 成员中占内存量最大者所需的容量

    D. 结构中最后一个成员所需内存量

（10）在位运算中，操作数左移一位，其结果相当于（　　）。

    A. 操作数乘以 2

    B. 操作数除以 2

    C. 操作数除以 4

    D. 操作数乘以 4

（11）有如下程序段：

```
#include <stdio.h>
```

```
struct st{
    int x;
    int *y;
} *p;
int dt[4] = {10, 20, 30, 40};
struct st aa[4] = { 50, &dt[0], 60, &dt[1], 70, &dt[2], 80, &dt[3] };
void main(){
    p = aa;
    printf("%d ", ++p->x);
    printf("%d ", (++p)->x);
    printf("%d ", ++(*p->y));
}
```

程序的输出结果是（　　）。

A. 10 20 20   B. 50 60 21

C. 51 60 21   D. 60 70 31

（12）有下列运算符：~,&,<<,>>, |,^,则运算的优先顺序是（　　）。

A. ~,&, |,<<,>>,^   B. ~,<<,>>,&, |,^

C. ~,<<,>>,^, &,| D. ~,<<,>>,&,^, |

（13）若有以下程序段：

```
struct a{int n,*next;};
int x=1, y=2, z=3;
struct a s[3],*p = s;
s[0].next=&x;
s[1].next=&y;
s[2].next=&z;
```

以下选项中值为 2 的是（　　）。

A. *(p++)->next

B. *(++p)->next

C. (*p).next

D. (p++)->next

（14）以下叙述中错误的是（　　）。

　　A. 函数可以返回指向结构体变量的指针

　　B. 只要类型相同，结构体变量间可以整体赋值

　　C. 函数的返回值类型不能是结构体类型

　　D. 可以通过指针变量来访问结构体变量的任何成员

（15）若 s 是 int 类型变量，则以下语句的输出结果是（　　）。

```
s = 32;
s ^= 32;
printf("%d", s);
```

A. -1   B. 32

C. 1　　　　　　　　　　　　　　　D. 0

（16）以下叙述中错误的是（　　）。

　　A. typedef 的作用是用一个新的标识符来代表已存在的类型名

　　B. typedef 说明的新类型名必须使用大写字母，否则会出编译错误

　　C. 可以用 typedef 说明的新类型名来定义变量

　　D. 用 typedef 可以说明一种新的类型名

（17）有以下程序

```
# include <stdio.h>
struct S{
            int a, b;
} data[2] = {10, 100, 20, 200};
void main( void ){
            struct S p = data[1];
            printf("%d\n", ++(p.a) );
}
```

输出结果是（　　）。

A. 20　　　　　　　　　　　　　　　B. 11

C. 10　　　　　　　　　　　　　　　D. 21

（18）若有以下程序段：

```
unsigned char a = 2, b = 4, c = 5, d;
a = a | b;
d=a & c;
printf("%d\n", d);
```

输出结果是（　　）。

A. 3　　　　　　　　　　　　　　　B. 5

C. 6　　　　　　　　　　　　　　　D. 4

（19）若有以下的说明和定义：

```
struct {
            int a;
            char *s;
}x, *p = &x;
x.a = 4;
x.s = "hello";
```

则以下叙述中正确的是（　　）。

A. 语句*p->s++;等价于(*p)->s++;

B. 语句++p->a;的效果是使 p 增 1

C. (p++)->a 与 p++->a 都是合法的表达式，但二者不等价

D. 语句++p->a;的效果是使成员 a 增 1

（20）若有以下程序段：

```
struct st {
```

```
                int x;
                int *y;
        }*pt;
    int a[ ] = {1, 2}, b[ ] = {3, 4};
    struct st c[2]={10, a, 20, b};
    pt = c;
```
以下表达式中，值为 11 的是（   ）。

A. *pt->y   B. (pt++)->x
C. pt->x   D. ++pt->x

2. 填空题

（1）下面程序的运行结果是：（   ）。
```
    #include <stdio.h>
    void main(){
        int x = 0;
        printf("%d\n", ~x);
    }
```
（2）下面程序的运行结果是：（   ）。
```
    #include <stdio.h>
    void main( ){
        struct s1 {
            char c[4],*s;
        }s1 = {"abc", "def"};
        struct s2 {
            char *cp;
            struct s1 ss1;
        }s2 = {"ghi", {"jkl","mno"} };
         printf("%c%c\n", s1.c[0], *s1.s);
        printf("%s%s\n", s1.c, s1.s);
        printf("%s%s\n", s2.cp, s2.ss1.s);
        printf("%s%s\n", ++s2.cp, ++s2.ss1.s);
    }
```
（3）下面程序的运行结果是：（   ）。
```
    #include <stdio.h>
    struct date{
        int year;
        int month;
        int day;
    };
    void func(struct date *p){
```

```
        p->year = 201;
        p->month = 5;
        p->day = 4;
    }
    void main( ){
        struct date d;
        d.year = 2010;
        d.month = 4;
        d.day = 13;
        printf("%d,%d,%d\n", d.year, d.month, d.day);
        func(&d);
        printf("%d,%d,%d\n", d.year, d.month, d.day);
    }
```

（4）下面程序的运行结果是：（　　）。

```
    #include <stdio.h>
    struct S{
    int n;
    int a[20];
    };
    void f(int *a, int n){
        int i;
        for(i=0; i<n-1; i++)
            a[i] +=i ;
    }
    void main(void){
        int i;
        struct S s = {10, {2, 3, 1, 6, 8, 7, 5, 4, 10, 9}};
        f(s.a, s.n);
        for(i=0; i<s.n; i++)
            printf("%d,", s.a[i]);
    }
```

（5）下面程序的运行结果是：（　　）。

```
    #include <stdio.h>
    typedef union{
        long x[2];
        int y[4];
        char z[8];
    } atx;
    typedef struct aa{
        long x[2];
```

```
        int y[4];
        char z[8];
    } stx;
    void main( ){
        printf("union=%d, struct aa=%d\n", sizeof(atx), sizeof(stx));
    }
```

（6）下面程序的运行结果是：（   ）。

```
    #include <stdio.h>
    enum coin{ penny, nickel, dime, quarter, half_dollar, dollar};
    char *name[ ] = {"penny", "nickel", "dime", "quarter", "half_dollar", "dollar"};

    void main(){
        enum coin money1, money2;
        money1 = dime;
        money2 = dollar;
        printf("%d %d\n", money1, money2);
        printf("%s %s\n", name[(int)money1], name[(int)money2] );
    }
```

（7）下面程序的运行结果是：（   ）。

```
    #include <stdio.h>
    struct w{
        char low;
        char high;
    };
    union u{
        struct w byte;
        int word;
    }uu;
    void main( ){
        uu.word = 0x1234;
        printf("Word value:%#04x\n", uu.word);
        printf("High byte value:%#02x\n", uu.byte.high);
        printf("Low byte value:%#02x\n", uu.byte.low);
        uu.byte.low = 0xff;
        printf("Word value:%#04x\n", uu.word);
    }
```

（8）下面程序的运行结果是：（   ）。

```
    #include <stdio.h>
    #include <stdlib.h>
    struct NODE{
```

```
    int num;
    struct NODE *next;
};
void main(){
    struct NODE *p, *q, *r;
    p = (struct NODE*)malloc(sizeof(struct NODE));
    q = (struct NODE*)malloc(sizeof(struct NODE));
    r = (struct NODE*)malloc(sizeof(struct NODE));
    p->num = 10;
    q->num = 20;
    r->num = 30;
    p->next = q;
    q->next = r;
    printf("%d\n", p->num + q->next->num);
}
```

（9）函数 min 的功能是：在带有头结点的单向链表中，查找结点数据域最小的值，作函数值返回。请补全程序。

```
struct node{
    int data;
    struct node *next;
};
int min(struct node * first){
    struct node * p;
    int m;
    p = first->next;
    m = p->data;
    for(p=p->next; p!=NULL; p=____)
        if(____)
            m = p->data;
    return m;
}
```

（10）函数 initial 创建一个不带头结点环形链表，第 i 个结点的数据域值为 i，函数返回链表的头指针。请补全程序。

```
typedef int datatype;
typedef struct node{
    datatype data;
    struct node *next;
} linklist;

int initial(int m){
```

```
        int i;
        linklist *head, *p, *s;
        p = (linklist *)malloc(sizeof(linklist));
        head = p;
        p->data = 1;
        for(i=2; i<=m; i++){
            s = (linklist *)malloc(sizeof(linklist));
            s->data = i;
            p->next =_____;
            p = s;
        }
        p->next = _____;
        return head;
    }
```

3. 编程题

（1）staff 结构体定义如下：

```
struct ftaff
{
    char name[20];
    int age;
};
```

结构体数组 st 内存有某单位十位职工的姓名和年龄，试编程输出年龄最大职工的姓名和年龄。

（2）有 10 个学生，每个学生的信息包括学号、姓名、三门课的成绩，数据从键盘输入，并按每个学生的三门课平均成绩从高到低分别打印出这 10 个学生的学号、姓名及个人平均成绩。

第 8 章　文件

本章导读:

● 知识点介绍
● 文件基本操作实习
● 文件综合操作实习
● 思考练习与测试

8.1　知识点介绍

8.1.1　文件的基本概念

1. 文件的定义

所谓文件一般指: 存储在外部介质上数据的集合。一批数据是以文件的形式存放在外部介质上的。操作系统是以文件为单位对数据进行管理的。

按数据的组织方式,数据文件可以分为有结构文件和无结构文件两类。

(1) 有结构文件也叫记录式文件,它以记录为单位来保存数据,每个记录由若干个数据项(也称字段)组成,每个数据项都规定其具有固定的长度。例如,数据库文件是一种有结构文件。

(2) 无结构文件也叫流式文件,它以字符流或二进制位流的形式保存数据,即输入输出数据时都按"数据流"的形式进行处理,整个文件就是一个字符流或二进制流,记录与记录之间、字段与字段之间没有界限。文件的存取以字符(字节)或二进制位(bit)为单位,输入输出的数据流的开始和结束只受程序控制而不受物理符号(如回车换行符)的控制。

C 语言使用的是流式文件。常见的文本文件和二进制文件属于流式文件。本章只讨论流式文件的打开、关闭、读、写、定位等操作。

ANSI C 标准对文件的处理方法是"缓冲文件系统",系统为每个打开文件在内存中开辟一个缓冲区。写文件时(从内存向磁盘输出数据),先送到缓冲区中,当缓冲区装满后才送到磁盘去。读文件时,也经过缓冲区。这样做是为了提高读写效率,因为磁盘访问更耗时,一次读写一块数据,比每次读写单个字符更经济。

2. 文件类型指针

缓冲文件系统中,关键的概念是"文件指针",每个被用的文件都在内存中开辟一个区,用来存放文件的名字、状态、位置等有关信息,这些信息室保存在一个结构体类型的变量中的。该结构体类型是由系统定义的,取名为 FILE。有的 C 语言版本在 stdio.h 文件中有以下类型定义:

```
typedef struct
    {
        int _fd;          //文件号
        int _cleft;       //缓冲区中剩下的字符
        int _mode;        //文件操作模式
        char *_nextc;     //下一个字符位置
        char *_buff;      //文件缓冲区位置
    }FILE;
```

有了 FILE 类型之后，可以用它来定义若干个 FILE 结构体类型的变量，以便存放若干个文件的信息。

称指向 FILE 结构体类型的变量为文件类型指针，简称文件指针。定义文件指针的一般形式为：

　　　　FILE *指针变量名；

例如：

　　　　FILE *fp1,*fp2；

这里，fp1 和 fp2 都被定义为指向 FILE 结构体类型的变量，即文件指针。这时的 fp1 和 fp2 还没有具体指向哪个文件的 FILE 结构。在实际编程中，通常将打开文件的 FILE 结构的首地址赋给文件指针。

8.1.2　文件的操作

在文件操作时，首先要打开文件，获得对该文件的指针。通过该指针，就可以获取对文件进行操作所需的信息。将该指针传递给相应的库函数，库函数就能通过这个信息，通过操作系统提供的文件系统调用，来完成低级且复杂的硬件操作，如磁盘的读写。

1. 打开文件

在 C 语言中，调用库函数 fopen 打开文件。该函数的调用方式通常为：

FILE *fp;

fp = fopen(文件名, 文件使用方式);

说明：

① 函数的两个参数"文件名"和"文件使用方式"均为字符串，其中表示文件名的字符串可以包含文件的存储路径，否则表示文件存储在当前目录下。

② 最常用的文件使用方式及其含义如下：

"r"：文件必须存在，且只能读。

"r+"：文件必须存在，可读可写。

"w"：如果文件存在，则先清空文件内容，否则创建空文件，只能写文件。

"w+"：如果文件存在，则先清空文件内容，否则创建空文件，可读可写。

"a"：向文件尾部追加数据，文件不存在则创建后，再追加数据，文件不可读。

"a+"：向文件尾部追加数据，文件不存在则创建后，再追加数据，可读可写。

"b"：以二进制方式打开。

"t"：以文本方式打开，会自动处理换行符。

例如：

fp = fopen("file1.txt", "r");

其意义是在当前目录下打开文件 file1.txt，只允许进行"读"操作，并使 fp 指向 file1.txt。

③ 考虑到出错处理，如文件不存在，存取权限不够等，通常应判断返回的值：

if(fp==NULL)

{

　　printf("Opening file error!\n");

　　exit(1);

}

2. 关闭文件

文件使用完毕，应用关闭文件函数把文件关闭，以免发生文件数据丢失等错误。

关闭文件调用库函数 fclose。该函数的使用格式通常为：

fclose(文件指针);

说明：

将文件指针与文件脱离联系。如果成功进行关闭操作时，函数返回 0，否则返回非 0。

例如：

fclose(fp);　　//关闭文件指针 fp 指向的文件

8.1.3　文件操作函数

1.调用 getc（或 fgetc）和 putc（或 fputc）函数进行输入和输出

字符读写函数 getc（或 fgetc）和 putc（或 fputc）是以字符（字节）为单位的读写函数。每次可以从文件读出或向文件写入一个字符。

（1）输入一个字符函数 getc（或 fgetc）

格式：ch=fgetc(fp);　//与"ch=getc(fp);"等价，ch 为字符变量，参数 fp 为文件指针

功能：从 fp 指定的文件中读入一个字符，把它作为函数值返回并赋给变量 ch。

对于 fgetc 函数的使用说明：

① fgetc 函数调用时，读取的文件必须是以读或写方式打开

② fgetc 函数读取字符的结果也可以不给字符变量赋值，但这样读取的字符不能保存。

③ 在文件内部有一个位置指针，用来指示文件内部的当前读写位置。使用 fgetc 函数每读写一次，该指针就向后移动，它不需在程序中定义说明，而是由系统自动设置的。而文件指针是指向整个文件的，必须在程序中定义，只要不重新赋值，文件指针的值是不变的。

（2）输出一个字符函数 fputc（或 putc 函数）

格式：fputc(ch, fp);　　//与"putc(ch, fp);"等价

功能：将字符 ch 写到文件指针 fp 所指的文件中，如果输出成功，函数返回所输出的字符；如果输出失败，则返回一个 EOF 值。EOF 是在 stdio.h 库函数文件中定义的符号常量，其值等于-1。

对 fputc 函数的使用说明：

① fputc 函数可以用写、读写、追加方式打开被写入的文件。ch 可以是一个字符常量或字符变量。

② 如果使用写或读写方式打开一个已经存在的文件时，将清除原有的文件内容，写入的字符从文件首开始。所以，若需保留原有文件的内容，必须用追加方式打开文件。

③ 如果被写入的文件不存在时，系统自动创建文件。

2. 文件结束判断函数 feof

格式：int feof(ELFE *fp)

功能：判断文件是否结束。如果遇到文件结束，函数 feof(fp)的值为 1，否则为 0。frof 函数判断的文件既可以是文本文件，也可以使二进制文件。

3. 文件输入输出函数

下面介绍的函数 fscanf 和 fprintf 与前面使用的 scanf 和 printf 函数的功能相似，都是格式化读写函数。两者的区别在于函数 fscanf 和 fprintf 的读写对象不是键盘和显示器，而是磁盘文件。

（1）fscanf 函数

格式：fscanf(文件指针, 格式控制字符串, 输入项表);

功能：该函数只能从文本文件中按格式输入，函数输入的对象是磁盘上文本文件中的数据。

（2）fprintf 函数

格式：fprintf(文件指针, 格式控制字符串, 输出项表);

功能：该函数按格式将内存中的数据转换成对应的字符，并以 ASCII 码形式输出到文本文件中。

（3）fgets 函数

格式：fgets(str, n, fp);

其中 str 是存放字符串的起始地址，n 是一个整型变量，fp 为文件指针。

功能：函数从 fp 所指文件中读入 n-1 个字符放入以 str 为起始地址的空间内。如果没读满 n-1 字符时，已读到一个换行符或文件结束标志 EOF，则结束本次读操作，读入字符串的最后包含读到的换行符。因此确切地说，调用 fgets 函数时，最多能读入 n-1 个字符。

读入结束后，系统将自动在最后添加字符串结束标志'\0'，并以 str 作为函数返回值。

（4）fputs 函数

格式：fputs(str, fp);

其中 str 为待输出的字符串，fp 为文件指针。

功能：将字符串 str 输出到 fp 指向的文件中。

说明：str 可以使字符串常量指向字符串的指针、或存放字符串的字符数组名等。用此函数进行输出时，字符串结束标志'\0'并不输出，也不自动加'\n'。输出成功的函数值为 0，否则为-1（EOF）。

（5）fread 函数和 fwrite 函数

格式：fread(buffer, size, count, fp);

　　　fwrite(buffer, size, count, fp);

功能：fread 函数和 fwrite 函数分别用来读、写二进制文件。

说明：

① buffer 是数据块指针，对 fread 来说，它是内存块的首地址，输入的数据存入此内存块中；对 fwrite 来说，它是准备输出数据块的起始地址。

② size 表示每个数据块的字节数。

③ count 用来指定每读、写一次，输入或输出数据块的个数（每个数据块有 size 字节）。

④ fp 为文件指针。

4. 文件定位函数

实现随机读写的关键是按要求移动位置指针，称为文件定位。移动文件内部位置指针的函数主要有 fseek 函数、rewind 函数和 ftell 函数。

（1）fseek 函数

格式：fseek(fp, offset, origin);

功能：该函数用来移动文件位置指针到指定的位置上，接着的读或写操作将从此位置开始。

说明：

① fp 是文件指针。

② offset 是以字节为单位的位移量，为长整型数。

③ origin 是起始点，用来指定位移量是以哪个位置为基础，起始点既可用标识符来表示，也可以用数字来表示。

位置指针的标识符、对应数字及对应起始点如下表所示：

标识符	对应数字	代表的起始点
SEEK_SET	0	文件开始
SEEK_END	2	文件末尾
SEEK_CUR	1	文件当前位置

对于二进制文件，当位移量为正数时，表示位置指针从指定起始点向文件尾部方向移动；当位移量为负数时，表示位置指针从指定的起始点向文件首部方向移动。

（2）rewind 函数

格式：rewind(文件指针)

功能：使文件指针所指文件的位置指针重新返回到文件的开头。

rewind 函数没有返回值。

（3）ftell 函数

格式：long 变量名=ftell(文件指针);

功能：ftell 函数返回文件指针所指文件的位置指针距离文件首的字节数，并将函数返回值赋给长整型变量。

8.2 实习一 文件基本操作

8.2.1 实习目的

1. 理解文件的有关概念。

2. 学习文件的基本操作。

8.2.2 实习内容

1. 阅读下面程序，写出运行结果，然后上机验证。

\# include <stdio.h>

void main()

```
{ FILE *fp;
    char s1[10]= "start", s2[20];
    fp=fopen("D:\\f1.dat","w");
    fputs(s1, fp);
    fputs("end", fp);
    fclose(fp);
    fp=fopen("D:\\f1.dat","r");
    fgets(s2,20,fp);
    printf("%s\n",s2);
    fclose(fp);
}
```

提示与分析：

以"w"方式打开文件时，若果文件不存在，则新建文件。若文件不在当前目录下，需要写出相应路径，此时注意转义字符"\\"输出用于分割文件路径的反斜杠"\"。

2. 下面程序的功能是在 D 盘上建立一个文本文件 f1.txt，并写入如下内容：

    Hello world!

请填空并运行该程序。

```
#include <stdio.h>
#include <stdlib.h>
void main( )
{
    _____ *fp;
    char ch;
    if((fp = fopen("D:\\f1.txt", _____)) == NULL)
    {
        printf("Cannot open file\n");
        exit(1);
    }
    ch = getchar( );
    while(ch != '\n')
    {
        fputc(ch, fp);
        ch = getchar( );
    }
    fclose(_____);
}
```

提示与分析：

程序从终端键盘输入字符，写入文件直到用户按回车键结束输入。用户可以在记事本环境下打开文件"f1.txt"验证文件内容是否正确。

3. 编写程序，将双精度浮点数-3.14，按文本文件形式保存到文件 file.txt，再以二进制文件的形式保存到 file.dat 中。如果已经存在同名文件，则清空文件内容；如果不存在，则创建文件。然后用"记事本"程序分别打开这两个文件，看看你是否能读懂文件信息，两个文件的各占用多少字节的磁盘空间？（两个文件先不要删除）

4. 编写程序，将上一题中保存在两个文件中的信息(-3.14)，分别读入到两个 double 类型的变量 var1 和 val2 中，并输出这两个变量，验证读入是否正确。

5. 编写程序，将多个文本文件的内容，按顺序显示在屏幕上。文件数目不确定，文件名从命令行读入。如编译后的可执行文件名为 test.exe，则命令: test.exe file_1.txt file_2.txt file_3.txt 会将这三个文件内容按顺序显示在屏幕上。

6. 编写程序，模拟命令行工具 cp，实现文件拷贝功能。cp 的基本格式：

cp 源文件名 目标文件名

8.3 实习二 文件综合操作

8.3.1 实习目的

1. 进一步掌握文件的读写操作。

2. 文件的综合应用：存储、检索和维护数据。

8.3.2 实习内容

1. 以下程序的功能是将数组写入文件 m.dat，然后再顺序读出，请填空并运行该程序。

```
# include <stdio.h>
# include <stdlib.h>
int a[5], b[5];
void main()
{    FILE *fp;
     int i;
     for(i=0; i<5; ++i)
         scanf("%d", a+i);
     if((fp=fopen("d:\\m.dat","wb+"))==NULL)    exit(1);
     fwrite(a, _____, 1, fp );
     rewind(  _____  );
     if(fread(b, sizeof(a),1,fp )!=1) exit(1);
     for(i=0; i<5; i++)
       printf("%d,", b[i]);
     printf("\n");
}
```

2. 下面程序的功能是：打开"文件基本操作"实习第 2 题建立的文本文件 f1.txt，读出其中若干个连续的字符并显示到屏幕上。请填空并运行该程序。

```
#include <stdio.h>
#include <stdlib.h>
void main()
```

```
{   FILE *fp;
    char ch;
    long m;
    int n, i;
    if((fp=fopen("D:\\f1.txt","r"))==NULL)
    { printf("Cannot open file\n"); exit(1);}
    printf("从第几个字符开始读取？");
    scanf("%ld", &m);
    printf("读取几个字符？");
    scanf("%d", &n);
    fseek(fp, _____ , _____ );
    for(i=0; i<n; i++)
    { ch=fgetc(fp);
        printf("%c", ch);
    }
    printf("\n");
    fclose(fp);
}
```

3. 编写程序，将下面的学生数据存入 stu.dat 文件中。然后，再从该文件中顺序读出数据，显示到屏幕上，检查数据是否正确。

学号	姓名	年龄
10011	王海	19
10012	李明	18
10015	张兰	18

4. 编写程序，将用户从键盘输入的多行字符保存在一个文本文件中，直到用户输入 '#' 时结束输入。然后再将整个文件内容显示出来。

5. 编写程序，打开一个英文文本文件，统计该文件中每个字母的出现次数。

8.4 思考练习与测试

一、思考题

1. 简答题

（1）什么是文件指针？通过文件指针访问文件有什么好处？

（2）文件的打开与关闭的含义是什么？有什么意义？

（3）fopen()函数的 mode 取值 w 和 a 时都可以写入数据，它们之间的差别是什么？

（4）函数 rewind()的作用是什么？

2. 程序填空题

（1）下面程序用变量 count 统计文件中字符的个数，请填空。

```
#include <stdio.h>
```

```
main()
{
    FILE *fp;
    long count;
    if((fp=fopen("letter.dat", ____ ))==NULL)
    {
        printf("cannot open file\n");
        exit(0);
    }
    while(!feof(fp))
    {
        _____ ;
        _____ ;
    }
    printf("count=%ld\n",count);
    fclose(fp);
}
```

（2）下面程序从一个二进制文件中读入结构体数据，并把结构体数据显示在屏幕上，请填空。

```
#include <stdio.h>
struct rec
{
    int num;
    float total;
};
main()
{
    FILE *fp;
    int   reout(FILE *);
    fp=fopen("letter.dat","rb");
    reout(fp);
    fclose(fp);
}
reout( _____ )
{
    struct   rec r;
    while(!feof(fp))
    {
        fread(&r,_____ ,1,fp);
        printf("%d,%f\n", _____ );
```

```
    }
    return 0;
}
```

二、练习题

1. 选择题

（1）标准函数 fgets(s, n, f) 的功能是____。

    A. 从文件 f 中读取长度为 n 的字符串存入指针 s 所指的内存

    B. 从文件 f 中读取长度不超过 n-1 的字符串存入指针 s 所指的内存

    C. 从文件 f 中读取 n 个字符串存入指针 s 所指的内存

    D. 从文件 f 中读取长度为 n-1 的字符串存入指针 s 所指的内存

（2）函数调用语句：fseek(fp, -20L, 2);的含义是____。

    A. 将文件位置指针移到距离文件头 20 个字节处

    B. 将文件位置指针从当前位置向后移动 20 个字节

    C. 将文件位置指针从文件末尾处后退 20 个字节

    D. 将文件位置指针移到离当前位置 20 个字节处

（3）若 fp 是指向某文件的文件指针，且已读到文件尾，则函数 feof(fp)的返回值是____。

    A. EOF   B. -1

    C. 非零值   D. 0

（4）在 C 语言程序中,可把整型数以二进制形式存放到文件中的函数是____。

    A. fprintf 函数   B. fread 函数

    C. fwrite 函数   D. fputc 函数

（5）有以下程序

```
void putstr(char *fn, char    *str);
void main()
 {
     putstr ("name.dat","bianca");
     putstr ("name.dat","david");
 }
void putstr(char *name, char    *str)
 {
    FILE    *fp;
    fp=fopen(name,"w");
    fputs(str,fp);
    fclose(fp);
 }
```

程序运行后，文件 name.dat 中的内容是____。

    A. Bianca   B. david

    C. biancadavid   D. davida

2. 程序改错题

（1）以下程序试图把从终端输入的字符输出到名为 abc.txt 的文件中，直到从终端读入字符#号时结束输入和输出操作，但程序有错，请改正。

```
void main()
{
    FILE *fout;
    char ch;
    fout=fopen('abc.txt', 'w');
    ch=fgetc(stdin);
    while(ch!= '#') {
        fputc(ch,fout);
        ch=fgetc(stdin);
    }
    fclose(fout);
}
```

（2）以下函数 fun()试图在 fname 指定的文件后追加字符串 st，但程序有错，请改正。

```
void fun(char*fname,char*st)
{
    FILE*myf;inti;
    myf=fopen(fname,"w");
    for(i=0;i<=strlen(st);i++)
        fputc(st [i] );
    fclose(myf);
}
```

例如，

```
void main()
{
    fun("test.t","hello,");
    fun("test.t","new world");
}
```

执行以上程序后，文件 test.t 中的内容应是：

hello, new world

3. 填空题

（1）下面程序把读入的 10 个浮点数以二进制方式写到名为 bi.dat 的新文件中，请填空.

```
void main()
{
    FILE *fp;
    float i,j;
    char *name = "bi.dat";
    if((fp=fopen(_____, "wb"))==NULL){
        printf("Error opening file %s!\n",name);
        exit(1);
```

```
        }
        for(i=0; i<10; i++) {
            scanf("%d",&j);
            fwrite(&j,sizeof(float),1, _____);
        }
        fclose(fp);
    }
```

（2）以下程序的功能是：从键盘上输入一个字符串，把该字符串中的小写字母转换为大写字母，再输出到文件 test.txt 中，然后从该文件读出字符串并显示出来。请填空。

```
    void main()
    {
        FILE    *fp;
        char    str[100];
        int   i=0;
        if((fp=fopen("text.txt",_____))==NULL) {
            printf("can't open this file.\n");
            exit(0);
        }
        printf("input astring:\n");
        gets(str);
        while (str[i]){
            if(str[i]>='a'&&str[i]<='z')
            str[i]= _____;
            fputc(str[i],fp);
            i++;
        }
        fclose(fp);
        fp=fopen("text.txt",_____ );
        fgets(str,100,fp);
        printf("%s\n",str);
        fclose(fp);
    }
```

4. 编程题

（1）编写一个文本文件复制程序，提示用户输入源文件名和目标文件名。在向目标文件写入时，要求将源文件中所有的字母转化成大写。

（2）编写一个程序，打开一个文本文件，让用户输入一个文件位置 m 和一个数字 n，程序从文件的位置 m 开始读 n 个字符显示在屏幕上。

（3）编写一个合并文本文件的程序，该程序将一个或多个文本文件合并成一个文件，文件名可用命令行参数获得。

（4）编制程序建立一个顺序文本文件 wb.txt，其中存放甲 A 联赛两个球队 a，b 的 n

场比赛的进球数，每条记录有两个数据项，分别是 a，b 球队的进球数。然后，从该文件中读入数据，判断两队最后的输、赢或平局情况。规定：每场胜者记 3 分，平局各记 1 分，输者记 0 分，总分高为赢。

三、测试题

1. 选择题

（1）下列关于 C 语言数据文件的叙述中正确的是（   ）.

    A. 文件由 ASCII 码字符序列组成，C 语言只能读写文本文件

    B. 文件由二进制数据序列组成，C 语言只能读写二进制文件

    C. 文件由记录序列组成，可按数据的存放形式分为二进制文件和文本文件

    D. 文件由数据流形式组成，可按数据的存放形式分为二进制文件和文本文件

（2）以下叙述错误的是（   ）。

    A. 二进制文件的访问速度通常比文本文件快

    B. 随机文件以二进制形式存储数据

    C. 语句 FILE fp; 定义了一个名为 fp 的文件指针

    D. 文本文件通常于存储也便于人的阅读

（3）系统的标准输入指的是（   ）。

    A. 键盘   B. 显示器

    C. 硬盘   D. 光驱

（4）若要用 fopen 打开一个新的二进制文件，该文件既要能读也要能写，则文件的打开模式应为（   ）。

    A. "ab+"   B. "wb+"

    C. "rb+"   D. "ab"

（5）若以 "a+" 方式打开一个已存在的文件，则以下叙述正确的是（   ）。

    A. 文件打开时，原有文件内容不被删除，位置指针移到文件末尾，可作添加和读操作

    B. 文件打开时，原有文件内容不被删除，位置指针移到文件开关，可作重写和读操作

    C. 文件打开时，原有文件内容被删除，只可作写操作

    D. 以下各种说法皆不正确

（6）fgetc 函数的作用是从指定文件读入一个字符，该文件的打开方式必须是（   ）。

    A. 只写   B. 追加

    C. 读或读写   D. 答案 B 和 C 都正确

（7）fwrite 函数的一般调用形式是（   ）。

    A. fwrite(buffer, count, size, fp)   B. fwrite(fp, size, count, buffer)

    C. fwrite(fp, count, size, buffer)   D. fwrite(buffer, size, count, fp)

（8）ftell 函数的作用是（   ）。

    A. 得到流式文件中的当前位置

    B. 移动流式文件的位置指针

    C. 初始化移动流式文件的位置指针

    D. 以上答案均正确

（9）已知函数的调用形式：fread(buf, size, count, fp)，参数 buf 的含义是（　　）。

    A. 一个整型变量，代表要读入的数据项总数

    B. 一个文件指针，指向要读的文件

    C. 一个指针，指向要读入数据的存放地址

    D. 一个存储区，存放要读的数据项

（10）阅读下面程序，此程序的功能为（　　）。

```c
#include "stdio.h"
void main(int argc, char *argv[ ])
{
    FILE *p1, *p2;
    int c;
    p1 = fopen(argv[1], "r");
    p2 = fopen(argv[2], "a");
    c = fseek(p2, 0L, 2);
    while((c=fgetc(p1)) != EOF)
        fputc(c, p2);
    fclose(p1);
    fclose(p2);
}
```

    A. 实现将 p1 打开的文件中的内容复制到 p2 打开的文件

    B. 实现将 p2 打开的文件中的内容复制到 p1 打开的文件

    C. 实现将 p1 打开的文件中的内容追加到 p2 打开的文件内容之后

    D. 实现将 p2 打开的文件中的内容追加到 p1 打开的文件内容之后

2. 编程题

（1）设文件 number.dat 中存放了一组整数，请编写程序统计并输出文件中正整数、0 和负整数的个数。

（2）从键盘输入 4 个学生的有关数据，然后把它们转存到磁盘文件中去。

（3）将上题中生成的文件 stulist.dat 中的数据输出到屏幕。

第 9 章　编译预处理

本章导读：

- 知识点介绍
- 宏定义、文件包含及条件编译实习
- 思考练习与测试

9.1　知识点介绍

编译预处理是指在编译前，先对源程序进行一些预加工。C 语言编译程序对 C 语言源程序进行编译前，先由编译预处理程序对源文件中的编译预处理命令进行处理。在 C 语言中，编译预处理行是以"#"号开头的行。C 语言有 12 种预处理命令如表 9-1 所示。

表 9-1　预处理命令表

预处理命令	预处理命令	预处理命令	预处理命令
#define	#if	#endif	#line
#undef	#else	#ifdef	#pragma
#include	#elif	#ifndef	#error

这些预处理命令和 C 语言程序中的"语句"不同，因此不用";"结束。通过预处理器，为构建大型程序、程序移植、程序调试提供了方便。编译预处理命令主要有三种，即宏定义，文件包含和条件编译。

9.1.1. 宏定义: #define

宏定义有两种形式：带参数和不带参数的宏。前者用于定义符号常量，后者通常用于替代函数，实现一些常用的功能。

1. 不带参数的宏定义

命令形式如下：

#define 宏名 替换文本

也可以不包含替换文本。

#define 宏名

预编译程序会将宏定义之后出现的所有的宏名替换成对应的文本。宏名称习惯用大写。

例如：以下宏定义了符号常量 SIZE，PI

#define SIZE 100

#define PI 3.14

　　定义宏名称的好处是，在程序源文件中出现的这些常量以宏名出现，更易理解；而且，在需要修改时，只需要改宏定义，源程序更易维护。

　　不包含替换文本，通常和条件编译结合起来使用。例如：

#define DEBUG

　　说明：

- 替换文本中可以包含已经定义过的宏名。
- 当宏定义在一行中写不下需要分行书写时，只需在第一行的最后一个字符后紧接着添加一个反斜杠"\"就可以了。
- 同一个宏名不能重复定义，除非两个宏定义命令行完全一致。
- 替换文本不能替换双引号中与宏名相同的字符串
- 替换文本并不替换用户标识符中的成分。
- 用作宏名的标识符习惯上用大写字母表示，以便与程序中的其他标识符相区别，但这不是 C 语言语法的规定。

2. 带参数的宏定义

#define　宏名(参数表)　宏体

　　例如：

#define　MAX(x, y)　x>y?x:y

#define　MUL(x, y)　x*y

　　则 MUL(10+20, 30)会被替换成 10+20*30，很显然这样是不合理的。因此，宏体中要参数要适当加上括号：

#define　MUL(x, y)　((x)*(y))

　　MUL(10+20, 30)会被替换成((10+20)*(30))。

　　说明：

- 在调用带参数的宏名时，一对圆括号不能缺少，圆括号中实参的个数要与形参个数相同，如果实参多于一个时，两个相邻实参之间用逗号分隔。在预编译时，编译预处理程序用"替换文本"来替换宏，并用对应的实参替换"替换文本"中的形参。
- "替换文本"中的形参和整个表达式应该用圆括号括起来。
- 在宏替换中，对参数没有类型要求。
- 在宏替换中，实参不能替换放在双引号中的形参。
- 因为宏替换是在编译前由预处理程序完成的，所以宏替换不占用运行时间。

3. 取消宏定义命令：#undef　宏名

　　宏名的作用域是从宏定义命令到源程序结束，如果要提前终止宏定义的作用域，可取消宏定义。

#define PI 3.14

int main( )

　　　　…

　　　　…

#undef PI

　　　　…

　　　　　　　…

则 PI 的作用域从定义宏名 PI 开始，直到取消宏名 PI 定义为止

4. 预处理操作符 # 和 ##

转换为字符串。例如，有如下宏定义：

#define　HELLO(x)　printf("Hello, " #x "\n");

HELLO(world)将会被扩展为：

printf("Hello, " "world " "\n");

连接字符串。例如，有如下宏定义：

#define CONCAT(x, y)　x##y

CONCAT("Hello ","world")将被扩展为：

"Hello world"

9.1.2. 文件包含: #include

文件包含是指在一个文件中包含另一个文件的全部内容。文件包含的两种格式：

#include " " 和#include< >是有细微区别的。通常对于自定义的头文件，用双引号；而对于标准库头文件，用尖括号，系统将直接按照指定的标准方式到有关目录中去寻找。

包含文件的命令#include 通常写在源程序的开头，所以也称为头文件。头文件中一般包含一些外部说明，函数原型说明，例如 stdio.h。

说明：

● 包含文件的#include 命令行通常位于所用源程序文件的开头，故有时也把包含文件称为"头文件"，头文件名可以由用户指定。

● 包含文件中，一般有一些公用的#define 命令行、外部说明或对库函数的原型说明。

● 当用户修改了包含文件后，对包含该文件的源程序必须重新进行编译。

● 在一个程序中，允许有任意多个#include 命令行。

● 在包含文件中还可以包含其他文件。

9.1.3. 条件编译

条件编译有多种形式，只有在满足一定条件下才参与编译。这样同一个源程序在不同的编译条件下会产生不同的目标代码，主要应用于程序的调试和移植中。

例如：

```
#define DEBUG
void main( ){
        int a=10, b=3, c;
        c = a/b;
#ifdef DEBUG
        printf("a=%d, b=%d, ", a, b);
#endif
        printf("c = %d\n", c);
}
```

执行一下，输出的结果是：

a=10, b=3, c = 3

将#define DEBUG 删除，再编译执行，输出的结果是：

c = 3

这样调试信息就不会出现在最终的发行版程序中。

9.2　实习 宏定义、文件包含及条件编译

9.2.1　实习目的

1. 掌握宏定义命令和文件包含命令的使用方法。

2. 了解条件编译命令的作用。

9.2.2　实习内容

1. 写出下面程序的运行结果，然后上机验证。

```
# include <stdio.h>
# define   PI   3.1416
# define   S(r)   PI*r*r
void main( )
{ float a=1.0, area;
area=S(a);
    printf("area=%.2f\n", area);
}
```

2. 下面程序的功能是利用带参数的宏求两个整数中较大者，请填空并运行该程序。

```
# include <stdio.h>
# define MAX(x, y)   _____
void main( )
{ int a, b;
    printf("请输入 a，b 的值：");
    scanf("%d,%d", &a, &b);
    printf("%d\n", MAX(a, b));
}
```

3. 写出下面程序的运行结果，然后上机验证。

```
# include <stdio.h>
# define   S(x)   x+1
void main( )
{   int i=6;
printf("%d\n", 3*S(i) );
}
```

4. 写出下面程序的运行结果，然后上机验证。

```
# include "stdio.h"
# define   MA(x)   2*x
# define   MB(x, y)   MA(y)+x/2
void main( )
```

```
{    int i=3, j=6;
     printf("%d\n", MB(j, MA(i)));
}
```

5. 先将下面宏定义保存在文件 file1.c 中，然后编写程序计算球的体积，在程序中包含
file1.c 文件。

```
# define   PI   3.1415926
# define   G    9.80665
# define   E    2.71828183
```

6. 使用条件编译命令编写程序，将输入的字符串中的字母按大写或小写输出。请填空。

参考程序：

```
#include <stdio.h>
#define UPR 1
void main( )
{
    char c, str[80];    int i=0;
    printf("请输入一个字符串：");
    gets(str);
    while((c=str[i])!='\0')
    {
        ++i;
        #ifdef    UPR
            if(c>='a' && c<='z') c=c-32;
        _____
            if(c>='A' && c<='Z') c=c+32;
        _____
        printf("%c", c);
    }
    printf("\n");
}
```

7. 定义一个宏 PRINTARRAY，输出一维整型数组，以数组名和元素个数做宏的参数。
在主函数中测试该宏定义。

9.3　思考练习与测试

一. 思考题

1. 在文件包含预处理语句的使用形式中，当#include 后面的文件名使用双引号括起来
时，寻找被包含文件的方式是什么？

2. 在某一程序中使用宏替换的宏名用大写字母表示时程序能够正确运行。如果将大写
字母改为小写字母程序还能够正确运行吗？

3. 输入两个整数，实现两者之间的交换。用带参的宏来实现的参考程序如下：

```
#include <stdio.h>
#define swap(t,a,b) {t=a; a=b; b=t;}
main()
{
    int a,x,y;
    printf("请输入两个数：\n");
    scanf("%d,%d",&x,&y);
    swap(a,x,y);
    printf("两个数相互交换的结果为：%d,%d\n",x,y);
}
```

若将宏的参数改为两个可以实现两个整数的交换吗？如果可以，请修改程序。

4. 用宏的方法，直接设计一个宏接受三个参数，从 3 个整数中找出最大值的参考程序如下：

```
#define MAX(a,b,c) (((a)>(b)?(a):(b))>(c)?((a)>(b)?(a):(b)):(c))
void main( ){
    int a, b, c, m;
    printf("请输入三个整数：");
    scanf("%d%d%d", &a, &b, &c);
    m =    MAX(a, b, c);
    printf("最大值为：%d\n", m);
}
```

请考虑设计一个宏接受两个参数，用宏嵌套调用的方式实现从 3 个整数中找出最大值的程序。

二. 练习题

1. 选择题

(1) C 语言的预处理功能（　　）。

    A. 在程序运行时进行

    B. 在程序连接时进行

    C. 和 C 程序中的其它语句同时进行的

    D. 在对源程序中其它语句正式编译之前进行

(2) 以下叙述中正确的是（　　）。

    A. 预处理命令行必须位于源文件的开头

    B. 在源文件的一行上可以有多条预处理命令

    C. 宏名必须用大写字母表示

    D. 宏替换不占用程序的运行时间

(3) 下面宏定义正确的是（　　）。

    A. define　S=a*b　　　　　　　　　　B. define　PI　3.14;

    C. define　max(a,b)　((a)>(b)?(a):(b))　D. define　s(x)(x)*(x);

(4) 有以下程序：

```
#include<stdio.h>
#define    SUB(X,Y)    (X)*Y
main()
{
    int a=3, b=4;
    printf("%d", SUB(a++, b++));
}
```

程序运行后的输出结果是（   ）。

    A. 12　　　　　　　　B. 15　　　　　　　C.16　　　　　　　　D. 20

（5）在文件包含预处理语句中，当被包含文件名用 "<>" 括起时，寻找被包含文件的方式是（   ）。

    A. 直接按系统设定的标准方式搜索目录

    B. 先在源程序所在目录搜索，再按系统设定的标准方式搜索

    C. 仅在源程序所在目录搜索

    D. 仅搜索当前目录

2. 填空题

（1）以下程序的输出结果是（   ）。

```
void main( )
{
    int b=5;
#define    b    2
#define    f(x)    b*(x)
    int y=3;
    printf("%d",f(y+1));
#undef    b
    printf("%d",f(y+1));
#define    b    3
    printf("%d\n",f(y+1));
}
```

（2）以下程序的输出结果是（   ）。

```
#define    N    1
#define    PR(X)    printf(#X"= %d",X)
void main()
{
    int a=20,b=5,c;
#if N
    c=a/b;
#else
    c=a*b;
```

```
    #endif
        PR(c);
    }
```

（3）以下程序的输出结果是（　　）。

```
    #define   MA(x)    x*(x-1)
    void main()
    {
        int a=1,b=2;
        printf("%d \n",MA(1+a+b));
    }
```

（4）将宏定义 EVEN(x, y)补全

```
    #define   EVEN(x, y)   _____
```

该宏在 x 为偶数并且大于 y 时，得到 1 值

例如以下程序

```
    void main()
    {
        int a=6, b=1,z;
        z = EVEN(a,b);
        printf("z=%d",z);
    }
```

其输出结果为：

z=1

（5）补全如下宏定义。

```
    #define   PR_EXP(x,y)   _____
```

该宏用于打印两个表达式及其值，例如以下程序

```
    void main()
    {
        PR_EXP(3+4,4*12);
    }
```

其输出结果为：

3+4 is 7 and 4*12 is 48

三．测试题

1. 选择题

（1）以下关于宏定义不正确的是（　　）。

    A. 使用宏定义可以嵌套

    B. 宏定义仅仅是符号替换

    C. 双符号中出现的宏名称不被替换

    D. 宏名必须用大写字母表示

（2）以下叙述中正确的是（　　）。

    A. 使用带参数的宏定义时，参数的类型应与宏定义时的一致

  B. 在源文件的一行上可以有多条预处理命令

  C. 宏名称是在程序运行时处理的

  D. 使用带参数的宏和函数是完全一样的

（3）设有宏定义：

#define IsDIV(k, n) ((k%n==1)?1:0)

  如果变量 m 已正确定义并赋值，则宏调用：IsDIV(m, 5)&&IsDIV(m, 7)所要表达的是（　　）。

  A. 判断 m 是否能被 5 或 7 整除

  B. 判断 m 是否能被 5 和 7 整除

  C. 判断 m 被 5 或 7 整除是否余 1

  D. 判断 m 被 5 和 7 整除是否都余 1

（4）在文件包含预处理语句中，当被包含文件名用“ ”包含时，寻找包含文件的方式是（　　）。

  A. 直接按系统设定的标准方式搜索目录

  B. 先在源程序所在目录搜索，再按系统设定的标准方式搜索

  C. 仅在源程序所在目录搜索

  D. 仅搜索当前目录

（5）C 语言中，宏定义有效范围从定义处开始，到源文件结束处结束，但可以用（　　）。来提前解除宏定义的作用。

  A. #ifdef

  B. #endif

  C. #undefined

  D. #undef

2. 填空题

（1）以下程序的输出结果是（　　）。

```
#include<stdio.h>
#define   S (x)   4*(x)*x+1
void main( )
{
int k = 5, j = 2;
printf("%d\n", S(k + j));
}
```

  程序运行后的输出结果是（　　）。

（2）若有宏定义如下：

```
#define   X   5
#define   Y   X+1
#define   Z   Y*X/2
```

  则执行以下 printf 语句后，输出结果是（　　）。

```
int a;
a=Y;
```

```
printf("%d\n", Z);
printf("%d\n", --a);
```

（3）若有宏定义如下：

```
#define  MUL(x,y)  (x)*y
```

则执行以下 printf 语句后，输出结果是（ ）。

```
int a=3, b=4, c;
c = MUL(a++, b++);
}
```

（4）若有宏定义如下：

```
#define  SQR(x)  x*x
```

则执行以下 printf 语句后，输出结果是（ ）。

```
int a = 10, k = 2, m = 1;
a/=SQR(k+m)/SQR(k+m);
printf("%d\n", a);
```

（5）用预处理指令#define 声明一个常数，用以表明 1 天中有多少秒，请填空。

```
#define  SECONDS_OF_DAY  _____
```

（6）若有宏定义如下：

```
#define str(expr)  #expr
#define cat(x,y)  x ## y
```

则执行以下 printf 语句后，输出结果是（ ）。

```
int ab=12;
printf(str(hello world!));
printf("ab=%d\n", cat(a,b));
```

3. 编程题

（1）输入两个整数，求它们相除的余数，用带参数的宏来实现。

（2）给年份 year，定义一个宏，以判别该年份是否闰年。

第 10 章 计算机等级考试（二级 C）

10.1 计算机等级考试介绍

在完成一学年《C 语言程序设计》课程后，可以考虑参加全国计算机等级考试，考试合格后，由教育部颁发相应等级的证书，这就是我们经常听说的"计算机二级证"。

全国计算机等级考试（National Computer Rank Examination，简称 NCRE），是经原国家教育委员会（现教育部）批准，由教育部考试中心主办，面向社会，用于考查应试人员计算机应用知识与技能的全国性计算机水平考试体系。官方网址：http://sk.neea.edu.cn/jsjdj/。

关于计算机等级考试的几点说明：

1. 考试由低到高分四个等级：一级、二级、三级和四级。每个等级又有不同的语言种类，如二级又分为 C、Visual foxpro、Java 等。

2. 考试分笔试和上机两个部分。

3. 每年开考两次，分别在 3 月和 9 月举行，报名时间在 12 月和 6 月上旬。请留意附近考点的通知。

4. 合格证一直有效，不存在两年过期的说法。

从 2013 年下半年开始，考试政策有重大的调整，体现在三个方面：

一是增设、取消部分考试科目。将现有的考试科目进行合并、取消或新增。其中一级科目，一级 B 科目与一级 MS Office 科目合并，更名为"计算机基础及 MS Office"，一级 WPS Office 科目更名为"计算机基础及 WPS Office 应用"；新增"计算机基础及 Photoshop 应用"科目。二级科目，取消二级"Delphi 语言程序设计"科目，新增"MySQL 数据库程序设计"、"WEB 程序设计"、"MS Office 高级应用"三个科目。三级科目，取消三级"PC 技术"、"信息管理技术"两个科目，重新设置"网络技术"、"数据库技术"、"软件测试技术"、"信息安全技术"和"嵌入式系统开发技术"五个科目。四级科目，重新设置为"网络工程师"、"数据库工程师"、"软件测试工程师"、"信息安全工程师"和"嵌入式系统开发工程师"五个科目。

二是限定获证条件。一、二级考试通过所报考级别科目考试即可获得相应证书。三级证书获取条件：通过三级科目的考试，并已经（或同时）获得二级相关证书。其中三级数据库技术证书要求已经（或同时）获得二级数据库程序设计类证书；网络技术、软件测试技术、信息安全技术、嵌入式系统开发技术等四个证书要求已经（或同时）获得二级语言程序设计类证书。考生早期获得的证书（如 Pascal、FoxBase 等），不严格区分语言程序设计和数据库程序设计，可以直接报考三级。四级证书获取条件：通过四级科目的考试，并已经（或同时）获得三级相关证书。

　　三是改变考试形式。从 2013 年下半年开始，所有考试科目全部实行无纸化考试，采用 Windows7 操作系统环境。一级、四级考试时间为 90 分钟，二级、三级考试时间为 120 分钟。

　　有关计算机等级考试的最新资讯，请留意官方公告。

　　计算机等级考试主要考核考生计算机基础知识的掌握程度，以及使用一种高级计算机语言编写程序以及上机调试的基本技能。在报考二级 C 语言的考试前，应做好充分的准备：

- 掌握 C 语言程序设计中的主要知识点；
- 熟练使用上机编程工具；
- 查看考试大纲，了解考试的题型；
- 重视上机实践能力的培养；
- 充分利用考试辅导资料。

10.2　考试大纲

　　公共基础知识考核考生对计算机基础知识的掌握程度，以选择题的形式出现在无纸化考试系统中。

10.2.1　公共基础知识考试大纲

◆　基本要求

1. 掌握算法的基本概念。
2. 掌握基本数据结构及其操作。
3. 掌握基本排序和查找算法。
4. 掌握逐步求精的结构化程序设计方法。
5. 掌握软件工程的基本方法，具有初步应用相关技术进行软件开发的能力。
6. 掌握数据库的基本知识，了解关系数据库的设计。

◆　考试内容

一、基本数据结构与算法

1. 算法的基本概念；算法复杂度的概念和意义（时间复杂度与空间复杂度）。
2. 数据结构的定义；数据的逻辑结构与存储结构；数据结构的图形表示；线性结构与非线性结构的概念。
3. 线性表的定义；线性表的顺序存储结构及其插入与删除运算。
4. 栈和队列的定义；栈和队列的顺序存储结构及其基本运算。
5. 线性单链表、双向链表与循环链表的结构及其基本运算。
6. 树的基本概念；二叉树的定义及其存储结构；二叉树的前序、中序和后序遍历。
7. 顺序查找与二分法查找算法；基本排序算法（交换类排序，选择类排序，插入类排序）。

二、程序设计基础

1. 程序设计方法与风格。
2. 结构化程序设计。
3. 面向对象的程序设计方法，对象，方法，属性及继承与多态性。

三、软件工程基础

1. 软件工程基本概念，软件生命周期概念，软件工具与软件开发环境。

2. 结构化分析方法，数据流图，数据字典，软件需求规格说明书。

3. 结构化设计方法，总体设计与详细设计。

4. 软件测试的方法，白盒测试与黑盒测试，测试用例设计，软件测试的实施，单元测试、集成测试和系统测试。

5. 程序的调试，静态调试与动态调试。

四、数据库设计基础

1. 数据库的基本概念：数据库，数据库管理系统，数据库系统。

2. 数据模型，实体联系模型及 E-R 图，从 E-R 图导出关系数据模型。

3. 关系代数运算，包括集合运算及选择、投影、连接运算，数据库规范化理论。

4. 数据库设计方法和步骤：需求分析、概念设计、逻辑设计和物理设计的相关策略。

◆ 考试方式

选择题

10.2.2　二级 C 语言程序设计考试大纲

◆ 基本要求

1. 熟悉 Visual C++ 6.0 集成开发环境。

2. 掌握结构化程序设计的方法，具有良好的程序设计风格。

3. 掌握程序设计中简单的数据结构和算法并能阅读简单的程序。

4. 在 Visual C++ 6.0 集成环境下，能够编写简单的 C 程序，并具有基本的纠错和调试程序的能力

◆ 考试内容

一、C 语言程序的结构

1. 程序的构成，main 函数和其他函数。

2. 头文件，数据说明，函数的开始和结束标志以及程序中的注释。

3. 源程序的书写格式。

4. C 语言的风格。

二、数据类型及其运算

1. C 的数据类型（基本类型，构造类型，指针类型，无值类型）及其定义方法。

2. C 运算符的种类、运算优先级和结合性。

3. 不同类型数据间的转换与运算。

4. C 表达式类型（赋值表达式，算术表达式，关系表达式，逻辑表达式，条件表达式，逗号表达式）和求值规则。

三、基本语句

1. 表达式语句，空语句，复合语句。

2. 输入输出函数的调用，正确输入数据并正确设计输出格式。

四、选择结构程序设计

1. 用 if 语句实现选择结构。

2. 用 switch 语句实现多分支选择结构。

3. 选择结构的嵌套。

五、循环结构程序设计

1. for 循环结构。

2. while 和 do-while 循环结构。

3. continue 语句和 break 语句。

4. 循环的嵌套。

六、数组的定义和引用

1. 一维数组和二维数组的定义、初始化和数组元素的引用。

2. 字符串与字符数组。

七、函数

1. 库函数的正确调用。

2. 函数的定义方法。

3. 函数的类型和返回值。

4. 形式参数与实在参数，参数值传递。

5. 函数的正确调用，嵌套调用，递归调用。

6. 局部变量和全局变量。

7. 变量的存储类别（自动，静态，寄存器，外部），变量的作用域和生存期。

八、编译预处理

1. 宏定义和调用（不带参数的宏，带参数的宏）。

2. "文件包含"处理。

九、指针

1. 地址与指针变量的概念，地址运算符与间址运算符。

2. 一维、二维数组和字符串的地址以及指向变量、数组、字符串、函数、结构体的指针变量的定义。通过指针引用以上各类型数据。

3. 用指针作函数参数。

4. 返回地址值的函数。

5. 指针数组，指向指针的指针。

十、结构体（即"结构"）与共同体（即"联合"）

1. 用 typedef 说明一个新类型。

2. 结构体和共用体类型数据的定义和成员的引用。

3. 通过结构体构成链表，单向链表的建立，结点数据的输出、删除与插入。

十一、位运算

1. 位运算符的含义和使用。

2. 简单的位运算。

十二、文件操作

只要求缓冲文件系统（即高级磁盘 I/O 系统），对非标准缓冲文件系统（即低级磁盘 I/O 系统）不要求。

1. 文件类型指针（FILE 类型指针）。

2. 文件的打开与关闭（fopen，fclose）。

3. 文件的读写（fputc，fgetc，fputs，fgets，fread，fwrite，fprintf，fscanf 函数的应用），文件的定位（rewind，fseek 函数的应用）。

◆ **考试方式**

（1）选择题

（2）程序填空题。

（3）程序修改题。

（4）程序设计题。

10.3　公共基础知识

分四个部分：数据结构与算法、程序设计基础、软件工程基础、数据库基础。

10.3.1　数据结构与算法

1．算法

算法：是指解题方案的准确而完整的描述。

算法不等于程序，也不等计算机方法，程序的编制不可能优于算法的设计。

算法的基本特征：是一组严谨地定义运算顺序的规则，每一个规则都是有效的，是明确的，此顺序将在有限的次数下终止。特征包括：

（1）可行性；

（2）确定性，算法中每一步骤都必须有明确定义，不允许有模棱两可的解释，不允许有多义性；

（3）有穷性，算法必须能在有限的时间内做完，即能在执行有限个步骤后终止，包括合理的执行时间的含义；

（4）拥有足够的情报。

算法的基本要素：一是对数据对象的运算和操作；二是算法的控制结构。

指令系统：一个计算机系统能执行的所有指令的集合。

基本运算包括：算术运算、逻辑运算、关系运算、数据传输。

算法的控制结构：顺序结构、选择结构、循环结构。

算法基本设计方法：列举法、归纳法、递推、递归、回溯法等。

算法复杂度：算法时间复杂度和算法空间复杂度。

算法时间复杂度是指执行算法所需要的计算工作量。

算法空间复杂度是指执行这个算法所需要的内存空间。

2．数据结构的基本概念

数据结构研究的三个方面：

（1）数据集合中各数据元素之间所固有的逻辑关系，即数据的逻辑结构；

（2）在对数据进行处理时，各数据元素在计算机中的存储关系，即数据的存储结构；

（3）对各种数据结构进行的运算。

数据结构是指相互有关联的数据元素的集合。

数据的逻辑结构包含：

（1）表示数据元素的信息；

（2）表示各数据元素之间的前后件关系。

数据的存储结构有顺序、链接、索引等。

线性结构条件：

（1）有且只有一个根结点；

（2）每一个结点最多有一个前件，也最多有一个后件。

非线性结构：不满足线性结构条件的数据结构。

3．线性表及其顺序存储结构

线性表是由一组数据元素构成，数据元素的位置只取决于自己的序号，元素之间的相对位置是线性的。

在复杂线性表中，由若干项数据元素组成的数据元素称为记录，而由多个记录构成的线性表又称为文件。

非空线性表的结构特征：

（1）且只有一个根结点 a1，它无前件；

（2）有且只有一个终端结点 an，它无后件；

（3）除根结点与终端结点外，其他所有结点有且只有一个前件，也有且只有一个后件。

结点个数 n 称为线性表的长度，当n=0 时，称为空表。

线性表的顺序存储结构具有以下两个基本特点：

（1）线性表中所有元素的所占的存储空间是连续的；

（2）线性表中各数据元素在存储空间中是按逻辑顺序依次存放的。

ai 的存储地址为：ADR(ai)=ADR(a1)+(i-1)k,，ADR(a1)为第一个元素的地址，k 代表每个元素占的字节数。

顺序表的运算：插入、删除。

4．栈和队列

栈是限定在一端进行插入与删除的线性表，允许插入与删除的一端称为栈顶，不允许插入与删除的另一端称为栈底。

栈按照"先进后出"（FILO）或"后进先出"（LIFO）组织数据，栈具有记忆作用。用 top 表示栈顶位置，用 bottom 表示栈底。

栈的基本运算：（1）插入元素称为入栈运算；'（2）删除元素称为退栈运算；（3）读栈顶元素是将栈顶元素赋给一个指定的变量，此时指针无变化。

队列是指允许在一端（队尾）进入插入，而在另一端（队头）进行删除的线性表。rear 指针指向队尾，front 指针指向队头。

队列是"先进行出"（FIFO）或"后进后出"（LILO）的线性表。

队列运算包括（1）入队运算：从队尾插入一个元素；（2）退队运算：从队头删除一个元素。

循环队列：s=0 表示队列空，s=1 且 front=rear 表示队列满。·

5．线性链表

数据结构中的每一个结点对应于一个存储单元，这种存储单元称为存储结点，简称结点。

结点由两部分组成：（1）用于存储数据元素值，称为数据域；（2）用于存放指针，称为指针域，用于指向前一个或后一个结点。

在链式存储结构中，存储数据结构的存储空间可以不连续，各数据结点的存储顺序与数据元素之间的逻辑关系可以不一致，而数据元素之间的逻辑关系是由指针域来确定的。

链式存储方式即可用于表示线性结构，也可用于表示非线性结构。

线性链表，HEAD 称为头指针，HEAD=NULL（或 0）称为空表，如果是两指针：左指针（Llink）指向前件结点，右指针（Rlink）指向后件结点。

线性链表的基本运算：查找、插入、删除。

6．树与二叉树

树是一种简单的非线性结构，所有元素之间具有明显的层次特性。

在树结构中，每一个结点只有一个前件，称为父结点，没有前件的结点只有一个，称为树的根结点，简称树的根。每一个结点可以有多个后件，称为该结点的子结点。没有后件的结点称为叶子结点。

在树结构中，一个结点所拥有的后件的个数称为该结点的度，所有结点中最大的度称为树的度。树的最大层次称为树的深度。

二叉树的特点：（1）非空二叉树只有一个根结点；（2）每一个结点最多有两棵子树，且分别称为该结点的左子树与右子树。

二叉树的基本性质：

（1）在二叉树的第 k 层上，最多有 $2k-1(k \geq 1)$ 个结点；

（2）深度为 m 的二叉树最多有 $2m-1$ 个结点；

（3）度为 0 的结点（即叶子结点）总是比度为 2 的结点多一个；

（4）具有 n 个结点的二叉树，其深度至少为[log2n]+1，其中[log2n]表示取 log2n 的整数部分；

（5）具有 n 个结点的完全二叉树的深度为[log2n]+1；

（6）设完全二叉树共有 n 个结点。如果从根结点开始，按层序（每一层从左到右）用自然数 1，2，…，n 给结点进行编号（k=1,2,…,n），有以下结论：

①若 k=1，则该结点为根结点，它没有父结点；若 k>1，则该结点的父结点编号为 INT(k/2)；

②若 $2k \leq n$，则编号为 k 的结点的左子结点编号为 2k；否则该结点无左子结点（也无右子结点）；

③若 $2k+1 \leq n$，则编号为 k 的结点的右子结点编号为 2k+1；否则该结点无右子结点。

满二叉树是指除最后一层外，每一层上的所有结点有两个子结点，则 k 层上有 2k-1 个结点深度为 m 的满二叉树有 2m-1 个结点。

完全二叉树是指除最后一层外，每一层上的结点数均达到最大值，在最后一层上只缺少右边的若干结点。

二叉树存储结构采用链式存储结构，对于满二叉树与完全二叉树可以按层序进行顺序存储。

二叉树的遍历：

（1）前序遍历（DLR），首先访问根结点，然后遍历左子树，最后遍历右子树；

（2）中序遍历（LDR），首先遍历左子树，然后访问根结点，最后遍历右子树；

（3）后序遍历（LRD），首先遍历左子树，然后访问遍历右子树，最后访问根结点。

7．查找技术

顺序查找的使用情况：

（1）线性表为无序表；

（2）表采用链式存储结构。

二分法查找只适用于顺序存储的有序表，对于长度为 n 的有序线性表，最坏情况只需比较 log2n 次。

8．排序技术

排序是指将一个无序序列整理成按值非递减顺序排列的有序序列。

交换类排序法：（1）冒泡排序法，需要比较的次数为 n(n-1)/2；（2）快速排序法。

插入类排序法：（1）简单插入排序法，最坏情况需要 n(n-1)/2 次比较；（2）希尔排序法，最坏情况需要 O(n1.5)次比较。

选择类排序法：（1）简单选择排序法，最坏情况需要 n(n-1)/2 次比较；（2）堆排序法，最坏情况需要 O(nlog2n)次比较。

10.3.2　程序设计基础

1．程序设计设计方法和风格

如何形成良好的程序设计风格

（1）源程序文档化；

（2）数据说明的方法；

（3）语句的结构；

（4）输入和输出。

注释分序言性注释和功能性注释，语句结构清晰第一、效率第二。

2．结构化程序设计

结构化程序设计方法的四条原则是：（1）自顶向下；（2）逐步求精；（3）模块化；（4）限制使用 goto 语句。

结构化程序的基本结构和特点：

（1）顺序结构：一种简单的程序设计，最基本、最常用的结构；

（2）选择结构：又称分支结构，包括简单选择和多分支选择结构，可根据条件，判断应该选择哪一条分支来执行相应的语句序列；

（3）循环结构：可根据给定条件，判断是否需要重复执行某一相同程序段。

3．面向对象的程序设计

面向对象的程序设计：以 20 世纪 60 年代末挪威奥斯陆大学和挪威计算机中心研制的 SIMULA 语言为标志。

面向对象方法的优点：

（1）与人类习惯的思维方法一致；

（2）稳定性好；

（3）可重用性好；

（4）易于开发大型软件产品；

（5）可维护性好。

对象是面向对象方法中最基本的概念，可以用来表示客观世界中的任何实体，对象是实体的抽象。

面向对象的程序设计方法中的对象是系统中用来描述客观事物的一个实体，是构成系统的一个基本单位，由一组表示其静态特征的属性和它可执行的一组操作组成。

属性即对象所包含的信息，操作描述了对象执行的功能，操作也称为方法或服务。

对象的基本特点：

（1）标识唯一性；

（2）分类性；

（3）多态性；

（4）封装性；

（5）模块独立性好。

类是指具有共同属性、共同方法的对象的集合。所以类是对象的抽象，对象是对应类的一个实例。

消息是一个实例与另一个实例之间传递的信息。

消息的组成包括（1）接收消息的对象的名称；（2）消息标识符，也称消息名；（3）零个或多个参数。

继承是指能够直接获得已有的性质和特征，而不必重复定义它们。

继承分单继承和多重继承。单继承指一个类只允许有一个父类，多重继承指一个类允许有多个父类。

多态性是指同样的消息被不同的对象接受时可导致完全不同的行动的现象。

10.3.3　软件工程基础

1．软件工程基本概念

计算机软件是包括程序、数据及相关文档的完整集合。

软件的特点包括：

（1）软件是一种逻辑实体；

（2）软件的生产与硬件不同，它没有明显的制作过程；

（3）软件在运行、使用期间不存在磨损、老化问题；

（4）软件的开发、运行对计算机系统具有依赖性，受计算机系统的限制，这导致了软件移植的问题；

（5）软件复杂性高，成本昂贵；

（6）软件开发涉及诸多的社会因素。

软件按功能分为应用软件、系统软件、支撑软件（或工具软件）。

软件危机主要表现在成本、质量、生产率等问题。

软件工程是应用于计算机软件的定义、开发和维护的一整套方法、工具、文档、实践标准和工序。

软件工程包括 3 个要素：方法、工具和过程。

软件工程过程是把软件转化为输出的一组彼此相关的资源和活动,包含 4 种基本活动：

（1）P——软件规格说明；

（2）D——软件开发；

（3）C——软件确认；

（4）A——软件演进。

软件周期：软件产品从提出、实现、使用维护到停止使用退役的过程。

软件生命周期三个阶段:软件定义、软件开发、运行维护，主要活动阶段是：

（1）可行性研究与计划制定；

（2）需求分析；

（3）软件设计；

（4）软件实现；

（5）软件测试；

（6）运行和维护。

软件工程的目标与原则：

目标：在给定成本、进度的前提下，开发出具有有效性、可靠性、可理解性、可维护性、可重用性、可适应性、可移植性、可追踪性和可互操作性且满足用户需求的产品。

基本目标：付出较低的开发成本；达到要求的软件功能；取得较好的软件性能；开发软件易于移植；需要较低的费用；能按时完成开发，及时交付使用。

基本原则：抽象、信息隐蔽、模块化、局部化、确定性、一致性、完备性和可验证性。

软件工程的理论和技术性研究的内容主要包括：软件开发技术和软件工程管理。

软件开发技术包括：软件开发方法学、开发过程、开发工具和软件工程环境。

软件工程管理包括：软件管理学、软件工程经济学、软件心理学等内容。

软件管理学包括人员组织、进度安排、质量保证、配置管理、项目计划等。

软件工程原则包括抽象、信息隐蔽、模块化、局部化、确定性、一致性、完备性和可验证性。

2．结构化分析方法

结构化方法的核心和基础是结构化程序设计理论。

需求分析方法有（1）结构化需求分析方法；（2）面向对象的分析的方法。

从需求分析建立的模型的特性来分：静态分析和动态分析。

结构化分析方法的实质：着眼于数据流，自顶向下，逐层分解，建立系统的处理流程，以数据流图和数据字典为主要工具，建立系统的逻辑模型。

结构化分析的常用工具：

（1）数据流图；（2）数据字典；（3）判定树；（4）判定表。

数据流图：描述数据处理过程的工具，是需求理解的逻辑模型的图形表示，它直接支持系统功能建模。

数据字典：对所有与系统相关的数据元素的一个有组织的列表，以及精确的、严格的定义，使得用户和系统分析员对于输入、输出、存储成分和中间计算结果有共同的理解。

判定树：从问题定义的文字描述中分清哪些是判定的条件，哪些是判定的结论，根据描述材料中的连接词找出判定条件之间的从属关系、并列关系、选择关系，根据它们构造判定树。

判定表：与判定树相似，当数据流图中的加工要依赖于多个逻辑条件的取值，即完成该加工的一组动作是由于某一组条件取值的组合而引发的，使用判定表描述比较适宜。

数据字典是结构化分析的核心。

软件需求规格说明书的特点：

（1）正确性；

（2）无歧义性；

（3）完整性；

（4）可验证性；

（5）一致性；

（6）可理解性；

（7）可追踪性。

3．结构化设计方法

软件设计的基本目标是用比较抽象概括的方式确定目标系统如何完成预定的任务，软件设计是确定系统的物理模型。

软件设计是开发阶段最重要的步骤，是将需求准确地转化为完整的软件产品或系统的唯一途径。

从技术观点来看，软件设计包括软件结构设计、数据设计、接口设计、过程设计。

结构设计：定义软件系统各主要部件之间的关系。

数据设计：将分析时创建的模型转化为数据结构的定义。

接口设计：描述软件内部、软件和协作系统之间以及软件与人之间如何通信。

过程设计：把系统结构部件转换成软件的过程描述。

从工程管理角度来看：概要设计和详细设计。

软件设计的一般过程：软件设计是一个迭代的过程；先进行高层次的结构设计；后进行低层次的过程设计；穿插进行数据设计和接口设计。

衡量软件模块独立性使用耦合性和内聚性两个定性的度量标准。

在程序结构中各模块的内聚性越强，则耦合性越弱。优秀软件应高内聚，低耦合。

软件概要设计的基本任务是：

（1）设计软件系统结构；　（2）数据结构及数据库设计；

（3）编写概要设计文档；　（4）概要设计文档评审。

模块用一个矩形表示，箭头表示模块间的调用关系。

在结构图中还可以用带注释的箭头表示模块调用过程中来回传递的信息。还可用带实心圆的箭头表示传递的是控制信息，空心圆箭心表示传递的是数据。

结构图的基本形式：基本形式、顺序形式、重复形式、选择形式。

结构图有四种模块类型：传入模块、传出模块、变换模块和协调模块。

典型的数据流类型有两种：变换型和事务型。

变换型系统结构图由输入、中心变换、输出三部分组成。

事务型数据流的特点是：接受一项事务，根据事务处理的特点和性质，选择分派一个适当的处理单元，然后给出结果。

详细设计：是为软件结构图中的每一个模块确定实现算法和局部数据结构，用某种选定的表达工具表示算法和数据结构的细节。

常见的过程设计工具有：图形工具（程序流程图）、表格工具（判定表）、语言工具（PDL）。

4．软件测试

软件测试定义：使用人工或自动手段来运行或测定某个系统的过程，其目的在于检验它是否满足规定的需求或是弄清预期结果与实际结果之间的差别。

软件测试的目的：发现错误而执行程序的过程。

软件测试方法：静态测试和动态测试。

静态测试包括代码检查、静态结构分析、代码质量度量。不实际运行软件，主要通过人工进行。

动态测试：是基本计算机的测试，主要包括白盒测试方法和黑盒测试方法。

白盒测试：在程序内部进行，主要用于完成软件内部 CAO 作的验证。主要方法有逻辑覆盖、基本路径测试。

黑盒测试：主要诊断功能不对或遗漏、界面错误、数据结构或外部数据库访问错误、性能错误、初始化和终止条件错误，用于软件确认。主要方法有等价类划分法、边界值分析法、错误推测法、因果图等。

软件测试过程一般按 4 个步骤进行：单元测试、集成测试、验收测试（确认测试）和系统测试。

5．程序的调试

程序调试的任务是诊断和改正程序中的错误，主要在开发阶段进行。

程序调试的基本步骤：

（1）错误定位；

（2）修改设计和代码，以排除错误；

（3）进行回归测试，防止引进新的错误。

软件调试可分表静态调试和动态调试。静态调试主要是指通过人的思维来分析源程序代码和排错，是主要的设计手段，而动态调试是辅助静态调试。主要调试方法有：

（1）强行排错法；

（2）回溯法；

（3）原因排除法。

10.3.4 数据库基础

1．数据库系统的基本概念

数据：实际上就是描述事物的符号记录。

数据的特点：有一定的结构，有型与值之分，如整型、实型、字符型等。而数据的值给出了符合定型的值，如整型值 15。

数据库：是数据的集合，具有统一的结构形式并存放于统一的存储介质内，是多种应用数据的集成，并可被各个应用程序共享。

数据库存放数据是按数据所提供的数据模式存放的，具有集成与共享的特点。

数据库管理系统：一种系统软件，负责数据库中的数据组织、数据操纵、数据维护、控制及保护和数据服务等，是数据库的核心。

数据库管理系统功能：

（1）数据模式定义：即为数据库构建其数据框架；

（2）数据存取的物理构建：为数据模式的物理存取与构建提供有效的存取方法与手段；

（3）数据操纵：为用户使用数据库的数据提供方便，如查询、插入、修改、删除等，和简单的算术运算及统计；

（4）数据的完整性、安全性定义与检查；

（5）数据库的并发控制与故障恢复；

（6）数据的服务：如拷贝、转存、重组、性能监测、分析等。

为完成以上六个功能，数据库管理系统提供以下的数据语言：

（1）数据定义语言：负责数据的模式定义与数据的物理存取构建；

（2）数据操纵语言：负责数据的操纵，如查询与增、删、改等；

（3）数据控制语言：负责数据完整性、安全性的定义与检查以及并发控制、故障恢复等。

数据语言按其使用方式具有两种结构形式：交互式命令（又称自含型或自主型语言）宿主型语言（一般可嵌入某些宿主语言中）。

数据库管理员：对数据库进行规划、设计、维护、监视等的专业管理人员。

数据库系统：由数据库（数据）、数据库管理系统（软件）、数据库管理员（人员）、硬件平台（硬件）、软件平台（软件）五个部分构成的运行实体。

数据库应用系统：由数据库系统、应用软件及应用界面三者组成。文件系统阶段：提供了简单的数据共享与数据管理能力，但是它无法提供完整的、统一的、管理和数据共享的能力。层次数据库与网状数据库系统阶段：为统一与共享数据提供了有力支撑。关系数据库系统阶段：结构简单，使用方便，逻辑性强，物理性少，因此在 20 世纪 80 年代一直占据数据库领域的主导地位。

数据库系统的基本特点：数据的集成性、数据的高共享性与低冗余性、数据独立性（物理独立性与逻辑独立性）、数据统一管理与控制。

数据库系统的三级模式：

（1）概念模式：数据库系统中全局数据逻辑结构的描述，全体用户公共数据视图；

（2）外模式：也称子模式与用户模式。是用户的数据视图，也就是用户所见到的数据模式；

（3）内模式：又称物理模式，它给出了数据库物理存储结构与物理存取方法。

数据库系统的两级映射：

（1）概念模式到内模式的映射；

（2）外模式到概念模式的映射。

2. 数据模型

数据模型的概念：是数据特征的抽象，从抽象层次上描述了系统的静态特征、动态行为和约束条件，为数据库系统的信息表与操作提供一个抽象的框架。描述了数据结构、数据操作及数据约束。

E-R 模型的基本概念

（1）实体：现实世界中的事物。

（2）属性：事物的特性。

（3）联系：现实世界中事物间的关系。实体集的关系有一对一、一对多、多对多的联系。

E-R 模型三个基本概念之间的联接关系：实体是概念世界中的基本单位，属性有属性域，每个实体可取属性域内的值。一个实体的所有属性值叫元组。

E-R 模型的图示法：（1）实体集表示法；（2）属性表法；（3）联系表示法。

层次模型的基本结构是树形结构，具有以下特点：

（1）每棵树有且仅有一个无双亲结点，称为根；

（2）树中除根外所有结点有且仅有一个双亲。

从图论上看，网状模型是一个不加任何条件限制的无向图。关系模型采用二维表来表示，简称表，由表框架及表的元组组成。一个二维表就是一个关系。

在二维表中凡能唯一标识元组的最小属性称为键或码。从所有候选健中选取一个作为用户使用的键称主键。表 A 中的某属性是某表 B 的键，则称该属性集为 A 的外键或外码。

关系中的数据约束：

（1）实体完整性约束：约束关系的主键中属性值不能为空值；

（2）参照完全性约束：是关系之间的基本约束；

（3）用户定义的完整性约束：它反映了具体应用中数据的语义要求。

3. 关系代数

关系数据库系统的特点之一是它建立在数据理论的基础之上，有很多数据理论可以表示关系模型的数据操作，其中最为著名的是关系代数与关系演算。

关系模型的基本运算：

（1）插入；

（2）删除；

（3）修改；

（4）查询（包括投影、选择、笛卡尔积运算）。

4. 数据库设计与管理

数据库设计是数据应用的核心。

数据库设计的两种方法：

（1）面向数据：以信息需求为主，兼顾处理需求；

（2）面向过程：以处理需求为主，兼顾信息需求。

数据库的生命周期：需求分析阶段、概念设计阶段、逻辑设计阶段、物理设计阶段、编码阶段、测试阶段、运行阶段、进一步修改阶段。

需求分析

常用结构析方法和面向对象的方法。

结构化分析（简称 SA）方法用自顶向下、逐层分解的方式分析系统。

用数据流图表达数据和处理过程的关系。

对数据库设计来讲，数据字典是进行详细的数据收集和数据分析所获得的主要结果。

数据字典是各类数据描述的集合，包括 5 个部分：数据项、数据结构、数据流（可以是数据项，也可以是数据结构）、数据存储、处理过程。

数据库概念设计的目的是分析数据内在语义关系。设计的方法有两种：

（1）集中式模式设计法（适用于小型或并不复杂的单位或部门）；

（2）视图集成设计法。

设计方法：E-R 模型与视图集成。

视图设计一般有三种设计次序：自顶向下、由底向上、由内向外。

视图集成的几种冲突：命名冲突、概念冲突、域冲突、约束冲突。

关系视图设计：关系视图的设计又称外模式设计。

关系视图的主要作用：

（1）提供数据逻辑独立性；

（2）能适应用户对数据的不同需求；

（3）有一定数据保密功能。数据库的物理设计主要目标是对数据内部物理结构做调整并选择合理的存取路径，以提高数据库访问速度有效利用存储空间。

一般 RDBMS 中留给用户参与物理设计的内容大致有索引设计、集成簇设计和分区设计。

数据库管理的内容：
（1）数据库的建立；
（2）数据库的调整；
（3）数据库的重组；
（4）数据库安全性与完整性控制；
（5）数据库的故障恢复；
（6）数据库监控。

10.4　传统笔试试题

2011 年 3 月计算机等级考试二级 C 语言笔试试卷
（90 分钟　共 100 分）

一、选择题（第 11—20 题，每题 1 分，其他每题 2 分，共 70 分）

（1）下列关于栈叙述正确的是（　　）。

    A）栈顶元素最先能被删除

    B）栈顶元素最后才能被删除

    C）栈底元素永远不能被删除

    D）以上三种说法都不对

（2）下列叙述中正确的是（　　）。

    A）有一个以上根结点的数据结构不一定是非线性结构

    B）只有一个根结点的数据结构不一定是线性结构

    C）循环链表是非线性结构

    D）双向链表是非线性结构

（3）某二叉树共有 7 个结点，其中叶子结点只有 1 个，则该二叉树的深度为(假设根结点在第 1 层)（　　）。

    A）3　　　　　　　　　　　　　　B）4

    C）6　　　　　　　　　　　　　　D）7

（4）在软件开发中，需求分析阶段产生的主要文档是（　　）。

    A）软件集成测试计划　　　　　　B）软件详细设计说明书

    C）用户手册　　　　　　　　　　D）软件需求规格说明书

（5）结构化程序所要求的基本结构不包括（　　）。

    A）顺序结构　　　　　　　　　　B）GOTO 跳转

    C）选择(分支)结构　　　　　　　D）重复(循环)结构

（6）下面描述中错误的是（　　）。

    A）系统总体结构图支持软件系统的详细设计

    B）软件设计是将软件需求转换为软件表示的过程

    C）数据结构与数据库设计是软件设计的任务之一

D) PAD 图是软件详细设计的表示工具

（7）负责数据库中查询操作的数据库语言是（   ）。

A) 数据定义语言   B) 数据管理语言

C) 数据操纵语言   D) 数据控制语言

（8）一个教师可讲授多门课程，一门课程可由多个教师讲授。则实体教师和课程间的联系是（   ）。

A) 1:1 联系   B) 1:m 联系

C) m:1 联系   D) m:n 联系

（9）有三个关系 R、S 和 T 如下：

R				S			T
A	B	C		A	B		C
a	1	2		c	3		1
b	2	1					
c	3	1					

则由关系 R 和 S 得到关系 T 的操作是（   ）。

A) 自然连接   B) 交

C) 除   D) 并

（10）定义无符号整数类为 UInt, 下面可以作为类 UInt 实例化值的是（   ）。

A) −369   B) 369

C) 0.369   D) 整数集合{1,2,3,4,5}

（11）计算机高级语言程序的运行方法有编译执行和解释执行两种，以下叙述中正确的是（   ）。

A) C 语言程序仅可以编译执行

B) C 语言程序仅可以解释执行

C) C 语言程序既可以编译执行又可以解释执行

D) 以上说法都不对

（12）以下叙述中错误的是（   ）。

A) C 语言的可执行程序是由一系列机器指令构成的

B) 用 C 语言编写的源程序不能直接在计算机上运行

C) 通过编译得到的二进制目标程序需要连接才可以运行

D) 在没有安装 C 语言集成开发环境的机器上不能运行 C 源程序生成的.exe 文件

（13）以下选项中不能用作 C 程序合法常量的是（   ）。

A) 1,234   B) '123'

C) 123   D) "\x7G"

（14）以下选项中可用作 C 程序合法实数的是（   ）。

A) .1e0   B) 3.0e0.2

C) E9   D) 9.12E

（15）若有定义语句：int a=3,b=2,c=1;, 以下选项中错误的赋值表达式是（   ）。

A) a=(b=4) =3;   B) a=b=c+1;

C) a=(b=4) +c;　　　　　　　　　　D) a=1+(b=c=4) ;

（16）有以下程序段

char name[20];

int num;

scanf("name=%s num=%d",name;&num);

当执行上述程序段，并从键盘输入：name=Lili num=1001<回车>后，name 的值为（　　）。

A) Lili　　　　　　　　　　　　B) name=Lili

C) Lili num=　　　　　　　　　　D) name=Lili num=1001

（17）if 语句的基本形式是：if(表达式)语句，以下关于"表达式"值的叙述中正确的是（　　）。

A) 必须是逻辑值　　　　　　　　B) 必须是整数值

C) 必须是正数　　　　　　　　　D) 可以是任意合法的数值

（18）有以下程序

```c
#include <stdio.h>
main()
{
    int x=011;
    printf("%d\n",++x);
}
```

程序运行后的输出结果是（　　）。

A) 12　　　　　　　　　　　　B) 11

C) 10　　　　　　　　　　　　D) 9

（19）有以下程序

```c
#include <stdio.h>
main()
{
    int s;
    scanf("%d",&s);
    while(s>0)
    {
    switch(s)
        {
            case1:printf("%d",s+5);
            case2:printf("%d",s+4); break;
            case3:printf("%d",s+3);
            default:printf("%d",s+1);break;
        }
    scanf("%d",&s);
    }
}
```

运行时，若输入 1 2 3 4 5 0<回车>，则输出结果是（   ）。

    A) 6566456   B) 66656

    C) 66666   D) 6666656

（20）有以下程序段

```
int i,n;
for(i=0;i<8;i++)
{
    n=rand()%5;
    switch (n)
    {
        case 1:
        case 3:printf("%d\n",n); break;
        case 2:
        case 4:printf("%d\n",n); continue;
        case 0:exit(0);
    }
    printf("%d\n",n);
}
```

以下关于程序段执行情况的叙述，正确的是（   ）。

    A) for 循环语句固定执行 8 次

    B) 当产生的随机数 n 为 4 时结束循环操作

    C) 当产生的随机数 n 为 1 和 2 时不做任何操作

    D) 当产生的随机数 n 为 0 时结束程序运行

（21）有以下程序

```
#include <stdio.h>
main()
{
    char s[]="012xy\08s34f4w2";
    int i,n=0;
    for(i=0;s[i]!=0;i++)
        if(s[i]>='0'&&s[i]<='9') n++;
    printf("%d\n",n);
}
```

程序运行后的输出结果是

    A) 0   B) 3

    C) 7   D) 8

（22）若 i 和 k 都是 int 类型变量，有以下 for 语句

```
for(i=0,k=-1;k=1;k++) printf("*****\n");
```

下面关于语句执行情况的叙述中正确的是

    A) 循环体执行两次

B) 循环体执行一次

C) 循环体一次也不执行

D) 构成无限循环

（23）有以下程序

```c
#include <stdio.h>
main()
{
    char b,c; int i;
    b='a'; c='A';
    for(i=0;i<6;i++)
    {
        if(i%2) putchar(i+b);
        else putchar(i+c);
    }
    printf("\n");
}
```

程序运行后的输出结果是（　　）。

A) ABCDEF　　　　　　　　　　B) AbCdEf

C) aBcDeF　　　　　　　　　　D) abcdef

（24）设有定义：double x[10],*p=x;，以下能给数组 x 下标为 6 的元素读入数据的正确语句是（　　）。

A) scanf("%f",&x[6]) ;　　　　　　B) scanf("%lf",*(x+6));

C) scanf("%lf",p+6);　　　　　　　D) scanf("%lf",p[6]);

（25）有以下程序(说明：字母 A 的 ASCII 码值是 65)

```c
#include <stdio.h>
void fun(char *s)
{
    while(*s)
    {
        if(*s%2) printf("%c",*s);
        s++;
    }
}
main()
{
    char a[]="BYTE";
    fun(a); printf("\n");
}
```

程序运行后的输出结果是（　　）。

A) BY　　　　　　　　　　　　B) BT

     C) YT   D)   YE

（26）有以下程序段

```
#include <stdio.h>
main()
{ …
    while( getchar()!='\n');
…
}
```

以下叙述中正确的是（   ）。

     A) 此 while 语句将无限循环

     B)   getchar() 不可以出现在 while 语句的条件表达式中

     C) 当执行此 while 语句时，只有按回车键程序才能继续执行

     D) 当执行此 while 语句时，按任意键程序就能继续执行

（27）有以下程序

```
#include <stdio.h>
main()
{
    int x=1,y=0;
    if(!x) y++;
    else if(x==0)
    if (x) y+=2;
    else y+=3;
    printf("%d\n",y);
}
```

程序运行后的输出结果是（   ）。

     A) 3   B) 2

     C) 1   D) 0

（28）若有定义语句：char s[3][10],(*k)[3],*p;，则以下赋值语句正确的是（   ）。

     A) p=s;   B) p=k;

     C) p=s[0];   D) k=s;

（29）有以下程序

```
#include <stdio.h>
void fun(char *c)
{
    while(*c)
    {
        if(*c>='a'&&*c<='z') *c=*c-('a'-'A');
        c++;
    }
}
```

```
main()
{
    char s[81];
    gets(s); fun(s); puts(s);
}
```

当执行程序时从键盘上输入 Hello Beijing<回车>，则程序的输出结果是（　　）。

  A) hello beijing   B) Hello Beijing

  C) HELLO BEIJING   D) hELLO Beijing

（30）以下函数的功能是：通过键盘输入数据，为数组中的所有元素赋值。

```
#include <stdio.h>
#define N 10
void fun(int x[N])
{
    int i=0;
    while(i<="" p="">
}
```

在程序中下划线处应填入的是（　　）。

  A) x+i   B) &x[i+1]

  C) x+(i++)   D) &x[++i]

（31）有以下程序

```
#include <stdio.h>
main()
{
    char a[30],b[30];
    scanf("%s",a);
    gets(b);
    printf("%s\n %s\n",a,b);
}
```

程序运行时若输入：

how are you? I am fine<回车>

则输出结果是（　　）。

  A) how are you?   B) how

   I am fine   I am fine are you?

  C) how are you? I am fine D) row are you?

（32）设有如下函数定义

```
int fun(int k)
{
    if (k<1) return 0;
    else if(k==1) return 1;
    else return fun(k-1)+1;
```

```
}
```

若执行调用语句：n=fun(3);，则函数 fun 总共被调用的次数是

    A) 2   B) 3

    C) 4   D) 5

（33）有以下程序

```
#include <stdio.h>
int fun (int x,int y)
{
    if (x!=y) return ((x+y);2);
    else return (x);
}
main()
{
    int a=4,b=5,c=6;
    printf("%d\n",fun(2*a,fun(b,c)));
}
```

程序运行后的输出结果是（   ）。

    A) 3   B) 6

    C) 8   D) 12

（34）有以下程序

```
#include <stdio.h>
int fun()
{
    static int x=1;
    x*=2;
    return x;
}
main()
{
    int i,s=1;
    for(i=1;i<=3;i++) s*=fun();
    printf("%d\n",s);
}
```

程序运行后的输出结果是（   ）。

    A) 0   B) 10

    C) 30   D) 64

（35）有以下程序

```
#include <stdio.h>
#define S(x) 4*(x)*x+1
main()
```

```
{
    int k=5,j=2;
    printf("%d\n",S(k+j));
}
```

程序运行后的输出结果是（　　）。

A) 197   B) 143

C) 33   D) 28

（36）设有定义：struct {char mark[12];int num1;double num2;} t1,t2;，若变量均已正确赋初值，则以下语句中错误的是（　　）。

A) t1=t2;   B) t2.num1=t1.num1;

C) t2.mark=t1.mark; D) t2.num2=t1.num2;

（37）有以下程序

```
#include <stdio.h>
struct ord
{
    int x，y;}dt[2]={1,2,3,4};
main()
{
    struct ord *p=dt;
    printf("%d,",++(p->x)); printf("%d\n",++(p->y));
}
```

程序运行后的输出结果是（　　）。

A) 1,2   B) 4,1

C) 3,4   D) 2,3

（38）有以下程序

```
#include <stdio.h>
struct S
{
    int a,b;}data[2]={10,100,20,200};
main()
{
    struct S p=data[1];
    printf("%d\n",++(p.a));
}
```

程序运行后的输出结果是（　　）。

A) 10   B) 11

C) 20   D) 21

（39）有以下程序

```
#include <stdio.h>
main()
```

```
{
    unsigned char a=8,c;
    c=a>>3;
    printf("%d\n",c);
}
```

程序运行后的输出结果是（　　）。

A) 32   B) 16

C) 1   D) 0

（40）设 fp 已定义，执行语句 fp=fopen("file","w");后，以下针对文本文件 file 操作叙述的选项中正确的是（　　）。

A) 写操作结束后可以从头开始读　　B) 只能写不能读

C) 可以在原有内容后追加写　　　　D) 可以随意读和写

二、填空题（每空 2 分，共 30 分）

（1）有序线性表能进行二分查找的前提是该线性表必须是　【1】　存储的。

（2）一棵二叉树的中序遍历结果为 DBEAFC，前序遍历结果为 ABDECF，则后序遍历结果为　【2】　。

（3）对软件设计的最小单位（模块或程序单元）进行的测试通常称为　【3】　测试。

（4）实体完整性约束要求关系数据库中元组的　【4】　属性值不能为空。

（5）在关系 A(S,SN,D) 和关系 B(D,CN,NM) 中，A 的主关键字是 S，B 的主关键字是 D，则称　【5】　是关系 A 的外码。

（6）以下程序运行后的输出结果是　【6】　。

```
#include <stdio.h>
main()
{
    int a;
    a=(int)((double)(3/2)+0.5+(int)1.99*2);
    printf("%d\n",a);
}
```

（7）有以下程序

```
#include <stdio.h>
main()
{
    int x;
    scanf("%d",&x);
    if(x>15) printf("%d",x-5);
    if(x>10) printf("%d",x);
    if(x>5) printf("%d\n",x+5);
}
```

若程序运行时从键盘输入 12<回车>，则输出结果为　【7】　。

（8）有以下程序(说明：字符 0 的 ASCII 码值为 48)

```
#include <stdio.h>
main()
{
    char c1,c2;
    scanf("%d",&c1);
    c2=c1+9;
    printf("%c%c\n",c1,c2);
}
```

若程序运行时从键盘输入 48<回车>，则输出结果为 【8】 。

（9）有以下函数

```
void prt(char ch,int n)
{
    int i;
    for(i=1;i<=n;i++)
        printf(i%6!=0?"%c":"%c\n",ch);
}
```

执行调用语句 prt('*',24);后，函数共输出了 【9】 行*号。

（10）以下程序运行后的输出结果是 【10】 。

```
#include <stdio.h>
main()
{
    int x=10,y=20,t=0;
    if(x==y)t=x;x=y;y=t;
    printf("%d %d\n",x,y);
}
```

（11）已知 a 所指的数组中有 N 个元素。函数 fun 的功能是，将下标 k(k>0)开始的后续元素全部向前移动一个位置。请填空。

```
void fun(int a[N], int k)
{
    int i;
    for(i=k; i<N; i++)
        a[ 【11】 ] = a[i];
}
```

（12）有以下程序，请在 【12】 处填写正确语句，使程序可正常编译运行。

```
#include <stdio.h>
【12】 ;
main()
{
    double x,y,(*p)();
    scanf("%lf%lf",&x,&y);
```

```
    p=avg;
    printf("%f\n",(*p)(x,y));
}
double avg(double a,double b)
{ return((a+b)/2);}
```

（13）以下程序运行后的输出结果是　【13】　。

```
#include <stdio.h>
main()
{
    int i,n[5]={0};
    for(i=1;i<=4;i++)
    { n[i]==n[i-1]*2+1; printf("%d",n[i]); }
    printf("\n");
}
```

（14）以下程序运行后的输出结果是　【14】　。

```
#include <stdio.h>
#include <string.h>
#include <stdlib.h>
main()
{
    char *p; int i;
    p=(char *)malloc(sizeof(char)*20);
    strcpy(p,"welcome");
    for(i=6;i>=0;i--) putchar(*(p+i));
    printf("\n-"); free(p);
}
```

（15）以下程序运行后的输出结果是　【15】　。

```
#include <stdio.h>
main()
{
    FILE *fp; int x[6]={1,2,3,4,5,6},i;
    fp=fopen("test.dat", "wb");
    fwrite(x, sizeof(int), 3, fp);
    rewind(fp);
    fread(x,sizeof(int), 3, fp);
    for(i=0; i<6; i++) printf("%d", x[i]);
    printf("\n");
    fclose(fp);
}
```

参考答案：

一、选择题

1	2	3	4	5	6	7	8	9	10
A	B	D	D	B	A	C	D	C	B
11	12	13	14	15	16	17	18	19	20
A	D	A	A	A	A	D	C	A	D
21	22	23	24	25	26	27	28	29	30
B	D	B	C	D	C	D	C	C	C
31	32	33	34	35	36	37	38	39	40
B	B	B	D	B	C	D	D	C	B

二、填空题

(1) 顺序

(2) DEBFCA

(3) 单元测试

(4) 主键

(5) D

(6) 3

(7) 1217

(8) 09

(9) 4

(10) 200

(11) i−1

(12) double avg(double a, double b)

(13) 13715

(14) emoclew

(15) 123456

10.5　无纸化考试系统使用说明

10.5.1　时间和分值

考试时间：

考试时间为 120 分钟，由考试系统自动计时，提前 5 分钟自动提醒考生及时存盘。

题型和分值：

满分为 100 分。考生从题库中随机抽题，共有四种类型的考题，即选择题（40 分）程序填空（18 分）、程序修改题（18 分）和程序编制题（24 分）。60 分以上即为合格。

10.5.2　考试步骤

考生于考前，抽签猎取机位号，按考点组织机位就座。听监考人员的统一指令，当允许登录时，打开考试系统程序，进行登录如图 10-1。

图 10-1　登录界面

点击"开始登录"，输入准考证号如图 10-2：

图 10-2　登录

点击"登录"，核对弹出的对话框中的姓名和身份证信息如图 10-3：

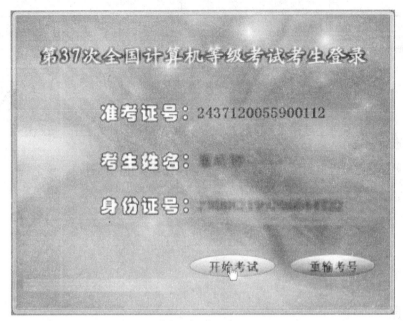

图 10–3　登录验证

核对信息无误后，点击"开始考试"，系统开始随机生成试题，然后进入考试须知界面如图 10-4：

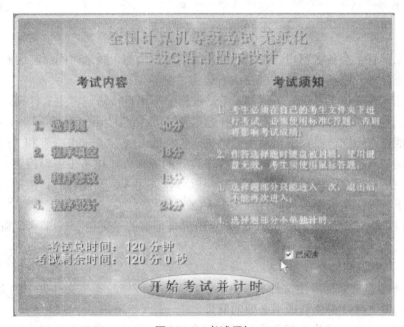

图 10–4　考试须知

仔细阅读考试须知后，请选择"已阅读"选框，然后点击"开始考试并计时"，然后正式进入考试须知界面如图 10-5：

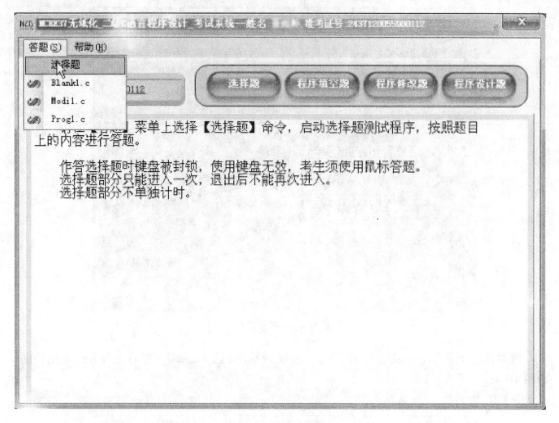

图 10-5 上机考试界面

在屏幕上部有一个条状窗口，在中间位置显示用户信息，剩余时间；左边的显示/隐藏窗口按钮用于显示或隐藏下面的试题窗；右边为"交卷"按钮。

考生试题文件夹位于考试服务器端，考试过程中不用直接访问考生文件夹。点"答题"菜单，就可以看到四个选项，分别是"选择题"、"blank1.c"、"modi1.c"和"prog1.c"。选择题部分只能进入一次，保存退出后不能再进入。"blank1.c"、"modi1.c"和"prog1.c"菜单项，会自动装入程序填空、程序修改和程序设计的源文件，供考生编辑答题。

答完一题后，保存，编译，运行无误后，就可以关闭 VC 开发环境。然后再通过"答题"菜单做下一题，最好不要同时打开多个 VC6.0 进程。

交卷：检查核对无误后，关闭 VC6.0，点击屏幕顶端的"交卷"，由监考老师输入交卷密码后，确认无误后，方可离开考场。

10.5.3 几点说明

1. 最好不要直接访问考生文件夹，更不要直接删除或修改考生文件夹中的文件，特别是所要编辑的源文件，避免造成不必要的麻烦。

2. 选择题：为避免考生在机器上运行题目所对应的代码，选择题只能一次答完，在答题过程中，键盘被锁定。在答题过程中可以修改，但保存退出后不允许再进入。未答题的题号以红色显示，已作答的题号显示为绿色。可以通过"上一题"和"下一题"按钮顺序切换，也可以点击下面的题号，跳转到某一题。

3. 程序填空题和程序修改题：以注释的形式给出提示，标示需要填空和修改的程序行。只需要修改该程序行的内容，文件的其他内容不得随意删除或修改，否则可能会影响考试成绩。

4. 程序设计题，通常只需要实现一个函数即可，其他部分也不要改动。

5. 在考试过程中出现机器故障，请举手向监考老师说明情况，由监考老师根据情况决定二次登录或重新抽题。

6. 避免打开多个 VC6.0 的进程，更不要同时在多个 VC6.0 进程中打开同一个源文件。

7. 要充分利用 VC6.0 集成开发环境的调试工具和 MSDN 在线帮助文档，从在线文档中可以很方便地查询库函数的使用说明。

8. 机考前，最好利用模拟上机考试系统熟悉考试系统的具体使用。

10.6　无纸化考试试题

10.6.1　选择题

选择题共 40 题，共 40 分，答题界面示意图如 10-6：

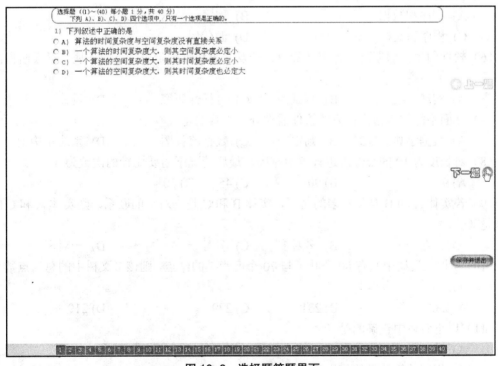

图 10-6　选择题答题界面

（1）下列叙述中正确的是（　　）。

    A) 算法的时间复杂度与空间复杂度没有直接关系

    B) 一个算法的时间复杂度大，则其空间复杂度必定小

    C) 一个算法的空间复杂度大，则其时间复杂度必定小

D) 一个算法的空间复杂度大，则其时间复杂度必定大

（2）有三个关系 R、S 和 T 如下：

R		
A	B	C
a	1	2
b	2	1
c	3	1

S		
A	B	C
d	3	2
c	3	1

T		
A	B	C
a	1	2
b	2	1
c	3	1
d	3	2

则由关系 R 和 S 得到关系 T 的操作是（　　）。

A) 交　　　　　　B) 并　　　　　　C) 投影　　　　　　D) 选择

（3）在关系模型中，每一个二维表称为一个（　　）。

A) 属性　　　　　B) 主码（键）　C) 关系　　　　　D) 元组

（4）下列叙述中正确的是（　　）。

A) 循环队列中的元素个数随队尾指针的变化而动态变化

B) 循环队列中的元素个数随队头指针的变化而动态变化

C) 循环队列中的元素个数随队头指针与队尾指针的变化而动态变化

（5）构成计算机软件的是（　　）。

A) 程序和数据　　　　　　　　B) 程序、数据和相关文档

C) 程序和文档　　　　　　　　D) 源代码

（6）软件的生命周期可分为定义阶段、开发阶段和维护阶段，下面不属于开发阶段的任务是（　　）。

A) 实现　　　　　B) 测试　　　　　C) 可行性研究　　　　D) 设计

（7）下面不能作为结构化方法软件需求分析工具的是（　　）。

A) 数据字典（DD）B) 判定表　　　C) 数据流程图　　　　D) 系统结构图

（8）对长度为 10 的线性表进行冒泡排序，最坏情况下需要比较的次数为（　　）。

A) 9　　　　　　　B) 90　　　　　　C) 45　　　D) 10

（9）若实体 A 和 B 是一对多的关系，实体 B 和 C 是一对一的联系，则实体 A 和 C 的联系是（　　）。

A) 一对一　　　　B) 多对多　　　　C) 多对一　　　　D) 一对多

（10）一棵二叉树中共有 80 个叶子与 70 个度为 1 的结点，则该二叉树中的总结点数为（　　）。

A) 230　　　　　　B) 231　　　　　C) 229　　　　　　D) 219

（11）以下叙述中正确的是（　　）。

A) 计算机可以直接处理 C 语言程序，不必进行任何转换

B) 程序的算法只能使用流程图来描述

C) N-S 流程图只能描述简单的顺序结构的程序

D) 结构化程序的三种基本结构是循环结构、选择结构和顺序结构

（12）以下叙述中正确的是（　　）。

A) 复合语句在语法上包含多条语句，其中不能定义局部变量

B) 空语句就是指程序中的空行

C）花括号对 { } 只能用来表示函数的开关和结尾，不能用于其他目的

D）当用 scanf 多键盘输入数据时，每行数据在没按下回车键前，可任意修改

（13）以下叙述中正确的是（　　）。

A）标识符的长度不能任意长，最多只能包含 16 个字符

B）用户定义的标识符必须"见名知义"，如果随意定义，则会出编译错误

C）语言中的关键字不能作变量名，但可以作为函数名

D）标识符总是由字母、数字和下划线组成，且第一个字符不得为数字

（14）C 语言中 double 类型数据占字节数为（　　）。

A）12　　　　　　　　B）4　　　　　　　　C）16　　　　　　　　D）8

（15）以下叙述中正确的是（　　）。

A）赋值语句是一种执行语句，必须放在函数的可执行部分

B）由 printf 输出的数据的实际精度是由格式控制中的域和小数的域宽来完全决定的

C）由 printf 输出的数据都隐含左对齐

D）scanf 和 printf 是 C 语言提供的输入和输出语句

（16）以下叙述中正确的是（　　）。

A）程序可以包含多个主函数，但总是从第一个主函数处开始执行

B）在 C 程序中，模块化主要是通过函数来实现的

C）书写源程序时，必须注意缩进格式，否则程序会有编译错误

D）程序的主函数除 main 外，也可以使用 Main 或_main

（17）以程序

```
#include <stdio.h>
void main( )
{
    int i;
    for(i=1; i<40; i++)
    {
        if(i++%5 == 0)
            if(++i%18==0)
                printf("%d ", i);
    }
    printf("\n");
}
```

执行后的输出结果是（　　）。

A）32　　　　B）40　　　　C）5　　　　D）24

（18）当变量 C 的值不为 2、4、6 时，值也为"真"的表达式是（　　）。

A）(c>=2 && c<=6) && (c%2 != 1)

B）(c==2) || (c==4) || (c==6)

C）(c>=2 && c<=6) && !(c%2)

D）(c>=2 && c<=6) || (c != 3) || (c != 5)

（19）有以下定义语句，编译时会出现编译错误的是（　　）。

　　A) char a = "aa";

　　B) char a = 'a';

　　C) char a = '\x2d';

　　D) char a = '\n';

（20）有以下公式

$$y = \begin{cases} \sqrt{x} & x \geq 0 \\ \sqrt{-x} & x < 0 \end{cases}$$

若程序前面已在命令行中包含 math.h 文件，不能够正确计算上述公式的程序段是

　　A)　y = sqrt(x);

　　　　if (x<0) y = sqrt(-x);

　　B)　y = sqrt(x>0 ? x : (-x));

　　C)　if (x>=0) y = sqrt(x);

　　　　if (x<0) y = sqrt(-x);

　　D)　if (x>=0) y = sqrt(x);

　　　　else y = sqrt(-x);

（21）若有以下程序

```c
#include <stdio.h>
void main()
{
    int y=10;
    while(y--);
    printf("y=%d\n", y);
}
```

　　程序执行后输出结果是（　　）。

　　A) y=0

　　B) while 构成无限循环

　　C) y=1

　　D) y=-1

（22）有以下程序

```c
#include <stdio.h>
void main()
{
    int s;
    scanf("%d", &s);
    while( s>0 )
    {
        switch(s)
        {
```

```
        case 1: printf("%d", s+5);
        case 2: printf("%d", s+4);
                break;
        case 3: printf("%d", s+3);
        default: printf("%d", s+1);
                break;
        }
        scanf("%d", &s);
    }
}
```

若输入 1 2 3 4 5 0 <回车>，则输出结果是（　　）。

A) 6666656　　　　　B) 66656　　　　C) 66666　　　　D) 6566456

（23）以下叙述中正确的是（　　）。

　　A) 语句 char a[2] = {"A", "B"};是合法的，定义了一个包含两个字符的数组

　　B) 语句 int a[8] = {0};是合法的

　　C) 语句 int a[ ] = {0};是不合法的，遗漏了数组的大小

　　D) 语句 char a[3]; a = "AB";是合法的，因为数组有三个字符空间的容量，可以保
　　　　存两个字符

（24）以下叙述中正确的是（　　）。

　　A) 语句 p = NULL;与 p=\0;是等价的语句

　　B) 指针变量只能通过求地址运算符（&）来获得地址值

　　C) int *p1; int ** p2; int *p3;都是合法定义指针变量的语句

　　D) 语句 p=NULL;执行后，指针 p 指向地址为 0 的存储单元

（25）以下叙述中正确的是（　　）。

　　A) 数组的下限是 1

　　B) char c1, c2, *c3, c4[40];是合法的变量定义语句

　　C) 数组下标的下限由数组中第一个被赋值元素的位置决定

　　D) 数组下标的下限由数组中第一个非零元素的位置决定

（26）以下叙述中正确的是（　　）。

　　A) 实用的 C 语言源程序总是由一个或多个函数组成

　　B) 在 C 语言的函数内部，可以定义嵌套函数

　　C) 不同函数的形式参数不能使用相同名称的标识符

　　D) 用户自己定义的函数只能调用库函数

（27）以下叙述中正确的是（　　）。

　　A) 一条语句只能定义一个数组

　　B) 数组说明符的一对方括号中只能使用整型变量，而不能使用表达式

　　C) 每个数组包含一组具有同一类型的变量，这些变量在内存中占有连续的存储单元

　　D) 在引用数组元素时，下标表达式可以使用浮点数

（28）以下叙述中正确的是（　　）。

　　A) 即使不进行强制类型转换，在进行指针赋值运算时，指针变量的基本类型也

　　　　可以不同

　　B) 指针变量间不能用关系运算符进行比较

　　C) 设变量 p 是一个指针变量，则语句 p=0;是非法的，应用使用 p=NULL;

　　D) 如果企图通过一个空指针来访问一个内存单元，将会得到一个出错信息

（29）有以下程序

```
#include <stdio.h>
int fun (int x)
{
    int p;
    if (x==0 || x==1)
        return(3);
    p =   x-fun(x-2);
    return (p);
}
void main()
{
    printf("%d", fun（9）);
}
```

　　　　程序运行后的输出结果是（　　）。

　　A) 4　　　　　B) 9　　　　　C) 5　　　　　D) 7

（30）以下函数的功能是将形参 s 所指字符串内容颠倒过来

```
void fun (char *s)
{
    int i, j, k;
    for( i=0, j=strlen(s)         ; i<j; i++, j--)
    {
        k = s[i];
        s[i] = s[j];
        s[j] = k;
    }
}
```

　　　　在横线处应填入的内容是（　　）。

　　A) -1　　　　　B) ,k=0　　　　　C) +0　　　　　D) +1

（31）以下选项中，能正确进行字符串赋值的是（　　）。

　　A) char s[4][5] = {"ABCDE"};

　　B) char s[5] = {'A', 'B', 'C', 'D', 'E'};

・　C) char *s = "ABCDE";

　　D) char *s ; gets(s);

（32）有以下程序

```
#include <stdio.h>
```

```
int fun (int a, int b)
{
    int static m=0, i=2;
    i = i+m+1;
    m = i+a+b;
    return m;
}
void main()
{
    int k=4, m=1, p;
    p = fun(k, m);
    printf("%d,", p);
    p = fun(k, m);
    printf("%d\n", p);
}
```

程序运行后的输出结果是（　　）。

A) 8,17

B) 7, 16

C) 7, 17

D) 8, 8

（33）有以下程序

```
#include <stdio.h>
void fun (char **p)
{
    int i;
    for(i=0; i<4; i++)
        printf("%s", p[i]);
}
void main()
{
    char *s[6] = {"ABC", "EFGH", "IJKL", "MNOP", "QRST", "UVWX"};
    fun(s);
    printf("\n");
}
```

程序运行后的输出结果是（　　）。

A) ABCDEFGHIJKL

B) ABCDEFGHIJKLMNOP

C) ABCD

D) AEIM

（34）有以下程序

```
#include <stdio.h>
void fun (char *p, int n)
{
    char b[6]="abcde";
    int i;
    for(i=0, p=b; i<n; i++)
    p[i] = b[i];
}
void main()
{
    char a[6] = "ABCDE";
    fun(a, 5);
    printf("%s\n", a);
}
```

程序运行后的输出结果是（   ）。

A) EDCBA

B) abcde

C) edcba

D) ABCDE

（35）以下叙述中错误的是（   ）。

A) 可以通过 typedef 增加新的类型

B) 可以用 typedef 将已存在的类型用一个新名字来代表

C) 用 typedef 可以为各种类型起别名，但不能为变量起别名

D) 用 typedef 定义新的类型名后，原有类型名仍有效

（36）有以下程序

```
#include <stdio.h>
void main()
{
    struct STU
    {
        char name[9];
        char sex;
        double score[2];
    };
    struct STU a={"Zhao", 'm', 85.0, 90.0}, b={"Qian", 'f', 95.0, 92.0};
    b = a;
    printf("%s, %c, %2.0f, %2.0f\n", b.name, b.sex, b.score[0], b.score[1]);
}
```

程序运行后的输出结果是（   ）。

A) Zhao, f, 95, 92

    B) Qian, f, 95, 92

    C) Qian, m, 85, 90

    D) Zhao, m, 85, 90

（37）有以下定义和语句

```
struct workers
{
    int num;
    char name[20];
    char c;
    struct{int day; int month; int year;} s;
}
struct workers w, *pw;
pw = &w;
```

能给 w 中 year 成员赋 1980 的语句是（　　）。

    A) w.year = 1980;

    B) w.s.year = 1980;

    C) pw->year = 1980;

    D) *pw->year = 1980

（38）有以下程序

```
#include <stdio.h>
struct tt
{
    int x;
    struct tt *y;
} *p;
struct tt a[4] = {20, a+1, 15, a+2, 30, a+3, 17, a};
void main()
{
    int i;
    p =   a;
    for(i=1; i<=2; i++)
    {
        printf("%d, ", p->x );
        p = p->y;
    }
}
```

程序运行后的输出结果是（　　）。

    A) 20, 15,

    B) 30, 17,

    C) 20, 30,

D) 15, 30,

（39）有以下程序

```c
#include <stdio.h>
void main()
{
    FILE *f;
    f = fopen("filea.txt", "w");
    fprintf(f, "abc");
    fclose(f);
}
```

若文本文件 filea.txt 中原有内容为：hello，则运行以上程序后，文件 filea.txt 中的
内容为（   ）。

A) abchello

B) helloabc

C) abclo

D) abc

（40）以下叙述中错误的是（   ）。

A) 预处理命令行的最后不能以分号表示结束

B) C 语言对预处理命令行的处理是在程序执行的过程中进行的

C) 在程序中凡是以 "#" 开始的语句行都是预处理命令行

D) #define MAX 是合法的宏定义命令行

参考答案：

一、选择题

1	2	3	4	5	6	7	8	9	10
A	B	C	C	B	C	D	C	D	D
11	12	13	14	15	16	17	18	19	20
D	D	D	D	A	B	A	D	A	A
21	22	23	24	25	26	27	28	29	30
D	D	B	C	B	A	B	D	D	A
31	32	33	34	35	36	37	38	39	40
C	A	B	D	A	D	B	A	D	B

10.6.2　程序填空题

下列给定程序中，函数 fun 的功能是：将形参 n 中，各位上为偶数的数取出，并按原
来从高位到低位的顺序组成一个新数，作为函数值返回。

例如，从主函数输入一个整数 27638496，则函数返回值为 26846.

请在下划线处填入正确的内容并将下划线删除，使程序得出正确的结果。

注意：部分源程序在文件 BLANK1.C 中。

不得增行或删行，也不得更改程序的结构！

理解题意后，选"答题"菜单下的"blank1.c"。考试系统会自动 VC6.0，并载入程序填空题对应的源文件 blank1.c：

```
#include   <stdio.h>
unsigned   long fun(unsigned long   n)
{
    unsigned long x=0, s, i; int   t;
    s=n;
/**********found**********/
    i=__1__;
/**********found**********/
    while(___2___)
    {   t=s%10;
        if(t%2==0){
/**********found**********/
            x=x+t*i;   i=__3___;
        }
            s=s/10;
    }
    return   x;
}
main( )
{
 unsigned long   n=-1;
 while(n>99999999||n＜0)
 { printf ("Please input(0＜n＜100000000):" );   scanf("%ld", &n); }
   printf ("\n The result is: %ld\n", fun(n));
}
```

说明：

/**********found**********/的下一行为需要修改的行，其他地方不要修改（包括这些注释行）。

根据题意，要将一个整数的偶数数字取出来，组成一个新的整数。最直接的方法是通过循环，从个位开始依次判断是否为偶数，满足条件的位，乘以该位对应的权值，累加起来就得到了所要求的值得。读程序的过程中，要尝试理解程序员定义的每个变量的具体作用。在本程序中：

x 被返回，显然用于存放结果；

s 初始化为参数 n，在循环中不断地做 t=s%10 及 s=s/10 运算，s 是当前用来处理的数据；

t 用于取最低位

i 用于存储位对应于结果中的权值

第一个填空：i = 1;

第二个填空：s > 0 或 s

第三个填空：i = i*10

编译运行程序后，关闭 VC6.0 开发环境。继续做下一题。

10.6.3　程序修改题

下列给定程序中函数 fun 的功能是：输出 M×M 整数方阵，然后求两条对角线上元素之和，并作为函数值返回。

请改正程序中的错误，使它能得出正确的结果。

注意：部分源程序在文件 MODI1.C，不得增行或删行，也不得更改程序的结构！

modil.c 文件：

```c
#include <stdio.h>

#define   M   5
/**********found**********/
int   fun(int   n, int   xx[ ] [ ])
{
    int i, j, sum=0;
    printf("\n The %d x %d matrix:\n", M, M);
    for( i=0; i < M; i++)
    {
        for(j=0; j< M; J++)
/**********found**********/
        printf("%f ", xx[i] [j]);
    printf("\n");
    }
    for(i=0; i<n; i++)
        sum += xx[i] [j]+xx[i] [n-i-1];
    return( sum );
}

main( )
{
    int   aa[M][M]={{1,2,3,4,5},{4,3,2,1,0},
        {6,7,8,9,0},{9,8,7,6,5},{3,4,5,6,7}};
    printf ("\n The sum of all elements on 2 diagnals is %d. ", fun(M, aa));
}
```

说明：

从函数的调用 fun(M, aa)可以看出，第一个参数表示方阵的大小，第二个参数是一个二维数组名。而二维数组名作函数的参数时，必须指明每一行有多少个元素，因此，第一处应改为：

int fun(int n, int xx[ ][M])

写成行指针的方式也是可以的，两者是等价的。

int fun(int n, int (*xx)[M])

第二处错误在于，printf()调用中格式化说明串中，用%f输出整数值 xx[i][j]，因此应改为：

printf("%d ", xx[i][j]);

编译运行后，继续做程序设计题。

10.6.4　程序设计题

编写函数 fun，其功能是：将 a、b 中的两个两位数正整数合并成一个新的整数放在 c中。合并的方式是：将 a 中的十位和个位数依次放在变量 c 的千位和十位上，b 中的十位和个位数依次在变量 c 的个位和百位上。

例如，当 a=45，b=12，调用该函数后 c=4251.

注意：部分源程序在文件 PROG1.C 中。数据文件 IN.DAT 中的数据不得修改。

请勿改动主函数 main 和其他函数中的任何内容，仅在函数 fun 的花括号中填入你编写的若干语句。

progl.c 文件：

```c
#include <stdio.h>
void fun(int a, int b, long *c)
{

}
main( )
{
    int a,b; long c; void NONO ( );
    printf("Input a, b:");
    scanf("%d%d", &a, &b);
    fun(a, b &c);
    printf("The result is : %1d\n", c);
    NONO( );
}
Void NONO ( )
{/*本函数用于打开文件，输入数据，调用函数，输出数据，关闭文件。 */
  FILE *rf, *wf;
Int I, a, b; long c;

rf = fopen("in. dat" , "r");
wf = fopen("out.dat","w");
for(i=0; i< 10; i++) {
    fscanf(rf, "%d, %d", &a, &b);
    fun(a, b, &c);
```

```
        fprintf(wf, "a=%d, b=%d, c=%1d\n", a, b, c);
    }
    fclose(rf);
    fclose(wf);
    }
```

说明：

本题主要考指针作函数参数，以及整除和模除运算。main()函数中，由用户输入两个整数，如 45 12，调用自定义函数 fun()后，输出结果，这样就可以测试函数实现是否可满足要求。然后调用 NONO()函数，从一个数据文件 in.dat 中读入数据，调用 fun()后，把结果写入另一个文件 out.dat 中，系统使用这些文件中存放的测试数据来进行判分。你可以尝试在 VC 中打开 out.dat 文件，看看其中是什么内容。运行结束后，生成的 out.dat 文件。有时间的话，可以打开检查一下，但最好不要直接操纵这两个文件中的数据。

分别取 a 和 b 的十位和个位，按要求生成一个新的数。参考程序：

```
void fun(int a, int b, long *c)
{
    *c=0;
    *c += (b/10)%10;            //个位
    *c += (a%10)*10;            //十位
    *c += (b%10)*100;           //个位
    *c += (a/10)%10*1000;       //十位
}
```

答题结束，检查无误后，点"交卷"，并举手示意。由监考老师输入结束密码，完成交卷。

10.7　VC6.0 使用说明

在无纸化考试系统中，要充分利用集成开发环境 VC6.0。

1. VC6.0 不能正常关闭

如果在编译过程中，程序长时间没有反应，也不能正常关闭。这时可以打开任务管理器如图 10-7，从任务管理器中，强制关闭 VC 开发环境。在关闭前，应先保存文件。打开任务管理器有两种方法：任务栏点右键，或同时按"CTRL+DEL+ALT"

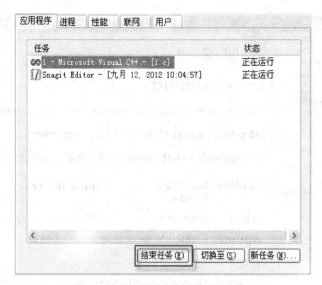

图 10–7　在任务管理器中强制终止 VC6.0

选择"应用程序"标签中的"Microsoft Visual C++"进程后，点击"结束任务"按钮，即可关闭进程。

2. 充分利用 MSDN 在线帮助文档

打开帮助文档，最简单的方法是在源文件中，选中需要查找的函数名如图 10-8，按功能键"F1"，例如，需要查找 printf()函数的具体用法，先选中函数名：

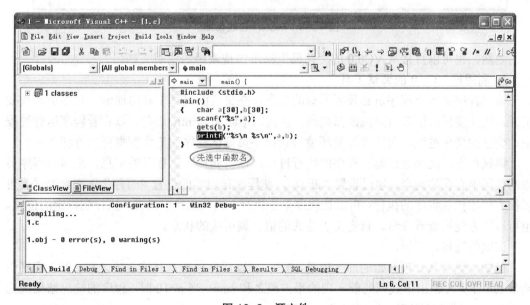

图 10–8　源文件

然后按"F1"功能键，就会打开该函数的说明文档如图 10-9：

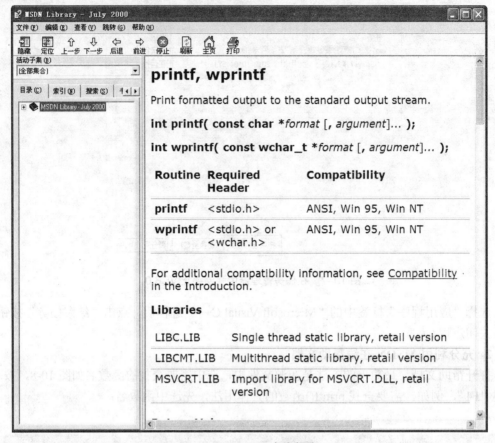

图 10-9 MSDN 在线帮助

当然，也可以直接从 VC6.0 的"帮助"菜单中搜索函数说明文档。

3. 利用好 VC6.0 的调试工具

调试程序是每个程序员必须要面对的工作，在集成的调试工具出现前，程序员要查找错误，往往要付出很多时间阅读源代码，在代码中添加 printf()语句，以查看程序运行过程中，变量的变化过程。而集成开发环境给让程序员调试程序的工作变得更加方便。

调试程序，就是通过追踪程序的执行过程，以得到程序运行时的信息，来帮助程序员诊断代码中存在的问题。通过设置"断点"，使程序在适当的位置"暂停"下来。调试器可以很方便地控制程序的执行：可以让程序单步执行，跳入或跳出函数，执行到指定的位置。也可以很方便地查看变量、自定义表达式的值、调用栈的状态。

调试的过程，示例：

已知一数列从 0 项开始的前 3 项是：0, 0, 1，以后各项都是其前 3 项之和。以下程序中函数 fun 计算并输出该数列的前 n 项的平方根之和 sum。当 n=10 时，程序的输出结果应为23.197745。请调试程序，使其正确运行。

```
#include <stdlib.h>
#include   <conio.h>
#include   <stdio.h>
#include   <math.h>
```

```
double fun(int n)
{
    double sum, s0, s1, s2, s; int k;
    sum=1.0;
    if (n<=2)
        sum=0.0;

    s0=0.0;
    s1=0.0;
    s2=1.0;
    for (k=3; k<=n;k++)
    {
        s=s0+s1+s2;
        sum+=sqrt(s);
        s0=s1; s1=s2; s2=s;
    }
Return sum;
}

void main( )
{
    int n;
    system("CLS");
    printf("Input    N=");
    scanf("%d", &N);
    printf("%f\n", fun(n));
}
```

先编译，找出语法错误如图 10-10。

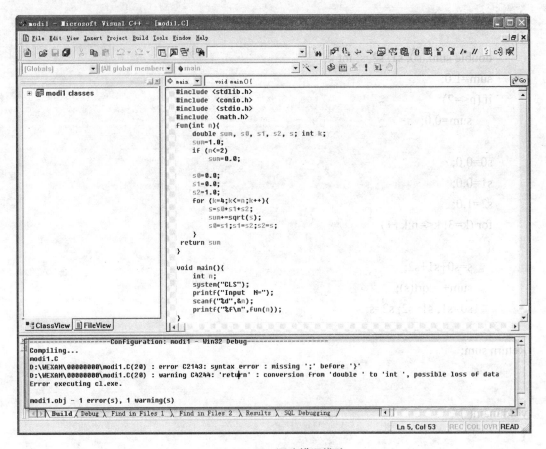

图 10-10   语法错误排除

　　从下面的输出窗中，可看出，编译时，有一个错误(Error)、一个警告(Warning)。警告的级别比错误低，警告是可以忽略的，如将一个浮点数赋值给一个整型变量，编译器就会给出一个警告，提醒数据由于强制转换会损失精度。而错误是必须要处理的，否则程序不能正常运行。

　　双击输出窗中提示信息所在的行，光标会自动跳转到错误所在的代码行如图 10-11，注意，这并不代表错误一定出现在该行，编译器只是通过自己的逻辑揣度错误可能的位置。

　　将光标定位到输出窗中，错误提示信息行，按"F1"就可以打开在线帮助文档，了解更多与此错误号相关联的信息。

```
--------------------Configuration: modi1 - Win32 Debug--------------------
Compiling...
modi1.C
D:\WEXAM\00000000\modi1.C(20) : error C2143: syntax error : missing ';' before '}'
D:\WEXAM\00000000\modi1.C(20) : warning C4244: 'return' : conversion from 'double ' to 'int ', possible loss of data
Error executing cl.exe.

modi1.obj - 1 error(s), 1 warning(s)
  Build / Debug \ Find in Files 1 \ Find in Files 2 \ Results \ SQL Debugging /
```

图 10-11   错误与警告提示

第一个错误提示：在"}"前少一个分号，双击该提示信息，光标自动定位到 fun 函数的最后一行。语句"return sum"缺少分号，补上分号后，再编译。警告依然存在，这个警告提示说：return 时，将一个 double 类型的数据转换成 int 类型的数据，可能会丢失数据。查看函数 fun 的定义，没有写函数类型，则函数的返回值是默认的"int"类型。将函数 fun 的返回值类型说明为 double fun(int n)后，再编译，通过。

编译通过，只能说明没有语法上的错误。还需要通过例子来检验，它是否能完成指定的功能。试着运行一下程序，得到如下结果：

Input N=10

32.197745

结果不对，在 for 循环前添加一个断点（将光标定位到该行，按 F9，或按工具栏的相应按钮）如图 10-12：

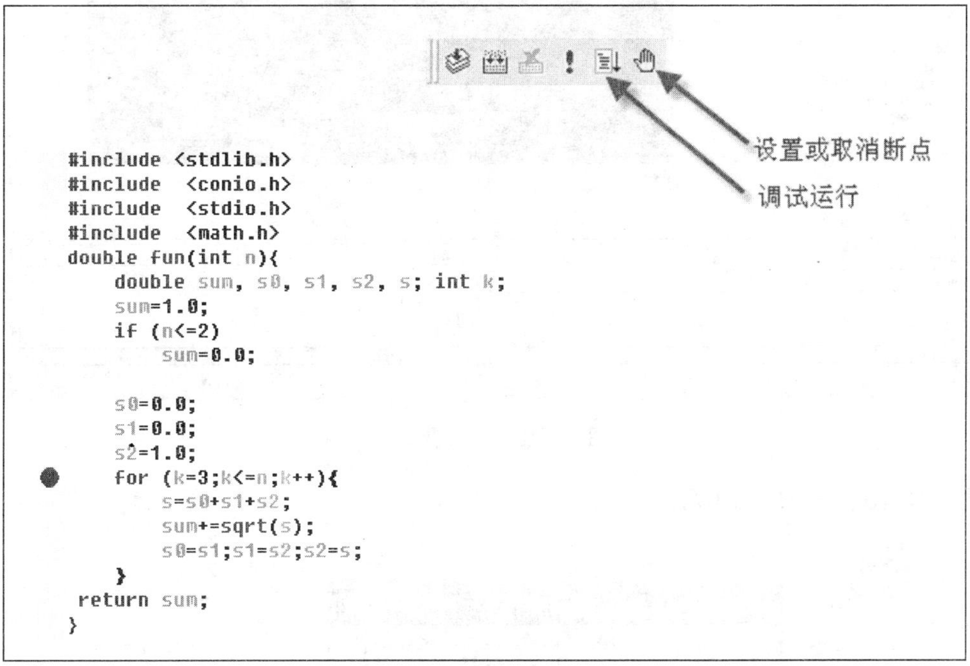

```
#include <stdlib.h>
#include <conio.h>
#include <stdio.h>
#include <math.h>
double fun(int n){
    double sum, s0, s1, s2, s; int k;
    sum=1.0;
    if (n<=2)
        sum=0.0;

    s0=0.0;
    s1=0.0;
    s2=1.0;
    for (k=3;k<=n;k++){
        s=s0+s1+s2;
        sum+=sqrt(s);
        s0=s1;s1=s2;s2=s;
    }
    return sum;
}
```

设置或取消断点

调试运行

图 10-12 设置断点

这时，编辑窗中出现红色的"断点"标记。点调试运行"按钮"，开始调试如图 10-13：

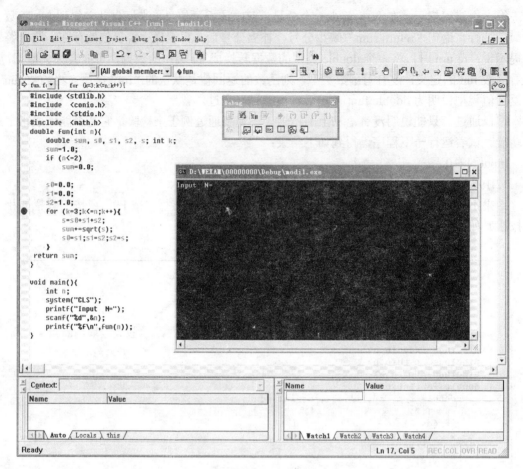

图 10-13　开始调试

输入 N=10 回车如图 10-14：

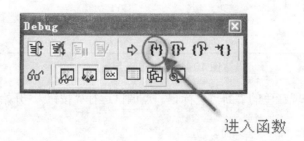

进入函数

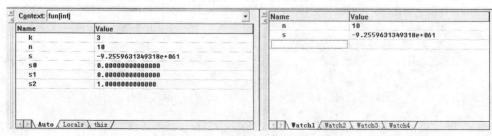

图 10-14　调试执行与状态查看

查看变量值的变化，可以看到，当循环结束时，n=11，意味着下标为 10 的项也被计算到最后结果中。因此，将循环判断条件修改为 k<n，再执行，得到了正确的结果。

在平时的编程练习中，也要练习调试工具的使用。

附录 1：C 语言常用库函数

数学函数(头文件 math.h）

函数和形参类型	功能	返回值
abs(int i)	求整数的绝对值	int
fabs(double x)	返回浮点数的绝对值	double
floor(double x)	向下舍入	double
fmod(double x, double y)	计算 x 对 y 的模，即 x/y 的余数	double
exp(double x)	指数函数	double
log(double x)	对数函数 ln(x)	double
log10(double x)	对数函数 log	double
labs(long n)	取长整型绝对值	long
modf(double value, double *iptr)	把数分为指数和尾数	double
pow(double x, double y)	指数函数(x 的 y 次方)	double
sqrt(double x)	计算平方根	double
sin(double x)	正弦函数	double
asin(double x)	反正弦函数	double
sinh(double x)	双曲正弦函数	double
cos(double x);	余弦函数	double
acos(double x)	反余弦函数	double
cosh(double x)	双曲余弦函数	double
tan(double x)	正切函数	double
atan(double x)	反正切函数	double
tanh(double x)	双曲正切函数	double
abs(int i)	求整数的绝对值	int
fabs(double x)	返回浮点数的绝对值	double
floor(double x)	向下舍入	double
fmod(double x, double y)	计算 x 对 y 的模，即 x/y 的余数	double
exp(double x)	指数函数	double
log(double x)	对数函数 ln(x)	double
log10(double x)	对数函数 log	double
labs(long n)	取长整型绝对值	long
modf(double value, double *iptr)	把数分为指数和尾数	double
pow(double x, double y)	指数函数(x 的 y 次方)	double
sqrt(double x)	计算平方根	double

续表

函数和形参类型	功能	返回值
sin(double x)	正弦函数	double
asin(double x)	反正弦函数	double
sinh(double x)	双曲正弦函数	double
cos(double x);	余弦函数	double
acos(double x)	反余弦函数	double
cosh(double x)	双曲余弦函数	double
tan(double x)	正切函数	double
atan(double x)	反正切函数	double
tanh(double x)	双曲正切函数	double

字符串函数(头文件 string.h）

函数和形参类型	功能	返回值
strcat(char *dest,const char *src)	将字符串 src 添加到 dest 末尾	char
strchr(const char *s,int c)	检索并返回字符 c 在字符串 s 中第一次出现的位置	char
strcmp(const char *s1,const char *s2)	比较字符串 s1 与 s2 的大小,并返回 s1-s2	int
stpcpy(char *dest,const char *src)	将字符串 src 复制到 dest	char
strdup(const char *s)	将字符串 s 复制到最近建立的单元	char
strlen(const char *s)	返回字符串 s 的长度	int
strlwr(char *s)	将字符串 s 中的大写字母全部转换成小写字母,并返回转换后的字符串	char
strrev(char *s)	将字符串 s 中的字符全部颠倒顺序重新排列,并返回排列后的字符串	char
strset(char *s,int ch)	将一个字符串 s 中的所有字符置于一个给定的字符 ch	char
strspn(const char *s1,const char *s2)	扫描字符串 s1,并返回在 s1 和 s2 中均有的字符个数	char
strstr(const char *s1,const char *s2)	描字符串 s2,并返回第一次出现 s1 的位置	char
strtok(char *s1,const char *s2)	检索字符串 s1,该字符串 s1 是由字符串 s2 中定义的定界符所分隔	char
strupr(char *s)	将字符串 s 中的小写字母全部转换成大写字母,并返回转换后的字符串	char

字符函数(头文件 ctype.h）

函数和形参类型	功能	返回值
isalpha(int ch)	若 ch 是字母('A'—'Z','a'—'z')返回非 0 值,否则返回 0	int
isalnum(int ch)	若 ch 是字母('A'—'Z','a'—'z')或数字('0'—'9')返回非 0 值,否则返回 0	int
isascii(int ch)	若 ch 是字符(ASCII 码中的 0—127)返回非 0 值,否则返回 0	int
iscntrl(int ch)	若 ch 是作废字符(0x7F)或普通控制字符(0x00—0x1F)返回非 0 值,否则返回 0	int
isdigit(int ch)	若 ch 是数字('0'—'9')返回非 0 值,否则返回 0	int

输入输出函数(头文件 stdio.h）

函数和形参类型	功能	返回值
getch()	从控制台(键盘)读一个字符，不显示在屏幕上	int
putch()	向控制台(键盘)写一个字符	int
getchar()	从控制台(键盘)读一个字符，显示在屏幕上	int
putchar()	向控制台(键盘)写一个字符	int
getchar()	从控制台(键盘)读一个字符，显示在屏幕上	int
getc(FILE *stream)	从流 stream 中读一个字符，并返回这个字符	int
putc(int ch, FILE *stream)	向流 stream 写入一个字符 ch	int
getw(FILE *stream)	从流 stream 读入一个整数，错误返回 EOF	int
putw(int w, FILE *stream)	向流 stream 写入一个整数	int
fclose(handle)	关闭 handle 所表示的文件处理	FILE *
fgetc(FILE *stream)	从流 stream 处读一个字符，并返回这个字符	int
fputc(int ch, FILE *stream)	将字符 ch 写入流 stream 中	int
fgets(char *string, int n, FILE *stream)	流 stream 中读 n 个字符存入 string 中	char*
fopen(char *filename, char *type)	打开一个文件 filename,打开方式为 type，并返回这个文件指针，type 可为以下字符串加上后缀	FILE *
fputs(char *string, FILE *stream)	将字符串 string 写入流 stream 中	int
fread(void *ptr, int size, int nitems, FILE *stream)	从流 stream 中读入 nitems 个长度为 size 的字符串存入 ptr 中	int
fwrite(void *ptr, int size, int nitems, FILE *stream)	向流 stream 中写入 nitems 个长度为 size 的字符串,字符串在 ptr 中	int
fscanf(FILE *stream, char *format[,argument,…])	以格式化形式从流 stream 中读入一个字符串	int
fprintf(FILE *stream, char *format[,argument,…])	以格式化形式将一个字符串写给指定的流 stream	int
scanf(char *format[,argument, …])	从控制台读入一个字符串,分别对各个参数进行赋值,使用 BIOS 进行输出	int
printf(char *format[,argument,…])	发送格式化字符串输出给控制台(显示器)，使用 BIOS 进行输出	int

附录2：第1至9章的部分习题参考答案

1.3 思考练习与测试

二. 练习题

1. 选择题

(1)~(5) B A D C D   (6)~(7) B A

2. 填空题

(1) 编辑、编译、连接、运行   (2) .obj

(3) .exe   (4) 编译   (5) 文件

三. 测试题

1. 选择题

(1)~(5) D B A A B

2. 填空

(1) 过程   (2) 分号   (3) .obj .exe

(4) main()   (5) 语法

3. 阅读程序写出执行结果

(1)   a=100, b=128.000000   (2)   75

2.4 思考练习与测试

二. 练习题

1. 选择题

(1)~(5) B D A B D   (6)~(10) A D B A B

(11)~(15) D D C C D   (16)~(18) B A D

2. 填空题

(1) -16 (2) $-2^{31} \sim 2^{31}-1$

(3) 1   (4) 26

(5) (a)12、(b)4   (6) 2

(7) x=10、n=6   (8) 1

(9) 1   (10) 'f'

三. 测试题

1. 选择题

(1)~(5) B B D B A   (6)~(10) D A D B D

(11)~(15) C B D C C   (16)~(20) C B C B D

2. 看程序写结果

(1) 020, 0x10   (2) 6,6, 0, 0

(3) 22 及 22   (4) 67.00

(5) 1 及 7.55

3. 程序填空

(1) ① %f   ② 5*(f–32)/9   ③ c

(2) ① &a,&b,&c   ② result   ③ %d

3.7 思考练习与测试

二. 练习题

1. 选择题

(1)~(5) A C C C B   (6)~(10) D C A A B

2. 填空题

(1) ① t=x;   ② x=y;   ③ y=t;

(2) ① continue   ② break

(3) ① i<=5   ② s+=i

(4) ① i--   ② while(i>=0)

三. 测试题

1. 选择题

(1)~(5) A B B A D   (6)~(10) C D D B A

(11)~(15) D C C D C   (16)~(20) A A C D C

(21)~(26) A C C C D B

2. 阅读程序写运行结果

(1) 3, 1 及 3, 4   (2) 100, 0, 0, 2, 0

(3) –8 是偶数   (4) sum=288   (5) i=3, j=6

3. 填空题

(1) ACE

(2) 8679

(3) ① n!=1   ② n=3*n+1   ③ n=n/2

(4) ① c!='\n'   ② c>='0' && c<='9'

(5) ① j=-45;j<45;j++   ② i*i+j*j+k*k==1989   ③ "%d,%d,%d\n"

(6) 2   1

(7) ① &a,&b,&c   ② c>max

(8) 6

(9) ****

(10) ① 1000-i*50-j*20   ② k>0

4.5 思考练习与测试

二. 练习题

1. 选择题

(1)~(5) B D D B B   (6)~(10) B C C A A

2. 填空题

(1) 0　　　　　　　　　　(2) 按行存放

(3) a[1][0]　　　　　　　　(4) 16

(5) 2000　　　　　　　　　(6) Hello

(7) strcmp(s1, s2)>0　　　　(8) s[i++]

(9) j　　str[j-1]　　　　　(10) j+=2　　a[i]>a[j]

3. 程序改错题

(1) sum=a[i][j]改为 sum+=a[i][j]

(2) num[26]=0 改为 num[26]={0}

　　(c=getchar()!='#')改为((c=getchar())!='#')

　　num[c]+=1 改为 num[c-'A']+=1

三. 测试题

1. 选择题

(1)~(5) D C B D A　　　(6)~(10) C D B B B

(11)~(15) D C B B C　　(16)~(20) A B B C A

2. 填空题

(1) abc　　　　　　　　　(2) 5, 6.000000

(3) return 0　　x!=a[i]　　(4) a[i]>b[j　　i<4　　j<6]

(5) strlen(t)　　c==t[i]　　(6) 4 3 3 2

(7) c=getchar()　　　1　　(8) 20

(9) j+=2　　s[i]>s[j]　　　(10) s[i]<200　　y[i]+=1

5.5 思考练习与测试

二. 练习题

1. 选择题

(1)~(5) A D A B B　　　(6)~(10) C B C D B

2. 程序改错题

(1) 将 int y=1, t=1; 改为 double y=1, t=1;

将 return ; 改为 return y ;

(2) 将 void fun(int a, int m) 改为 void fun(int a[ ], int m)

将 int i, j, s; 改为 int i, j, s=0;

3. 填空题

(1) ①x+8　　②sin(x)

(2) ①age(n−1)+2

(3) ①　a[i]　　②　a[9−i]

(4) ①1/(k*k)

(5) ①void fun(double x[10][20])

(6)　5, 6　　　　　(7)　3, 4

(8) 1,2,3,4,5,6,7,8,9,10　　(9) 5, 11　　　　(10) 2

三. 测试题

1. 选择题

(1)~(5) B B A D B　　　　　(6)~(10) A A A C D

(11)~(15) D B B C B　　　　(16)~(20) A C A A B

2. 填空题

(1) 6　　(2) ①a[k][i]　②x, &s　(3) 0 10　　1 11　　2 12

(4) 6　　(5) 10　　(6) 2　　　　(7) a*b*c*d

(8) ①return 0　　②return 1　　(9) 3 4 5 6 7 2 1 8 9 10　(10) 28

6.6 思考练习与测试

二. 练习题

1. 选择题

(1)~(5) C D A D B　　(6)~(9) C B C C

2. 填空题

(1) 14　　(2) *t　　(3) ①s+n−1　②p1<p2　③p2−

(4) functions[i]　　(5) 将 ct 指向的字符串复制到 s 指向的区域

3 程序改错

(1) for(; s+i<s+n−i; i++) 改为 for(; s+i<s+n−i−1; i++)

inverse(a[N]); 改为 inverse(a);

(2) void fun(char p) 改为 void fun(char *p)

p=p+i; 改为 q=p+i;

三.测试题

1. 选择题

(1)~(5) C A C A B　　　　　(6)~(10) D B A D A

(11)~(15) D D C B D　　　　(16)~(20) C C C D C

(21)~(25) C A D A A

2. 阅读程序写出运行结果

(1)++(*p)=6　　*(−−p)=4　　*p++=4　　8

(2) ffice　　ffice　　fice　　fice

(3) ab cd　　　　　(4) 5, 6　　　　　(5) 15

3. 程序填空

①s1++　②s2++　③s1, s2

7.4 思考练习与测试

二. 练习题

1. 选择题

(1)~(5) D B D D C　　(6)~(10) B D A A C

2.阅读程序题

(1) SunDan20042　(2) 1,2,3,4,5,6,7,8,9,10,　(3) 5

(4) 1,7,15;0,3,15　(5) DDBBCC　　　　(6) 258

三. 测试题

    1. 选择题:

    (1)~(5) C D A A C   (6)~(10) B A A A A

    (11)~(15) C D B C D   (16)~(20) B B D D D

    2. 写程序运行结果

    (1) −1

    (2) ad   abcdef   ghimno   hino

    (3) 2010, 4, 13   201 , 5, 4

    (4) 2, 4, 3, 9, 12, 12, 11, 11, 18, 9,

    (5) union=16, struct aa=32

    (6) 2 5   dime dollar

    (7) Word value: 0x1234

    High byte value: 0x12

    Low byte value: 0x34

    Word value: 0x12ff

    (8) 40

    (9) p->next   m>p->data

    (10) s   Head

8.4 思考练习与测试

二. 练习题

    1. 选择题:

    (1)~(5) B C C C B

    2. 改错题:

    (1) fout = fopen('abc.txt','w'); 改为 fout = fopen("abc.txt","w");

    (2) myf=fopen(fname,"w"); 改为 myf=fopen(fname,"a");

    3. 填空题:

    (1) "bi.dat"   fp   (2) "w"

    (3) str[i] −32   (4) "r"

三. 测试题

    1. 选择题:

    (1)~(5) D C A B A   (6)~(10) C D A C C

9.3 思考练习与测试

二. 练习题

    1. 选择题:

    (1)~(5) D D C A A

    2. 填空题:

    (1) 8 20 12   (2) c = 4   (3) 8

    (4) ((x)%2==0 && (x)>(y))

(5) printf(#x" is %d and "#y" is %d\n", x, y)

三. 测试题

1. 选择题:

(1)~(5) D A D B D

2. 填空题:

(1) 143

(2) 7　5

(3) 12

(4) 1

(5) (24*60*60)

(6) hello world!ab=2

南开大学出版社网址：http://www.nkup.com.cn

投稿电话及邮箱： 022-23504636　　QQ：1760493289
　　　　　　　　　　　　　　　　　QQ：2046170045(对外合作)
邮购部：　　　　　022-23507092
发行部：　　　　　022-23508339　　Fax：022-23508542

南开教育云：http://www.nkcloud.org

App：南开书店 app

　　南开教育云由南开大学出版社、国家数字出版基地、天津市多媒体教育技术研究会共同开发，主要包括数字出版、数字书店、数字图书馆、数字课堂及数字虚拟校园等内容平台。数字书店提供图书、电子音像产品的在线销售；虚拟校园提供 360 校园实景；数字课堂提供网络多媒体课程及课件、远程双向互动教室和网络会议系统。在线购书可免费使用学习平台，视频教室等扩展功能。